本书为 2022 年福建省财政厅项目“社会组织在实现共同富裕目标中的作用研究”(项目编号 22KX20TS11)研究成果。

社会组织的资源获取：以温州绿眼睛环保组织为例

周爱萍 著

厦门大学出版社 XIAMEN UNIVERSITY PRESS 国家一级出版社 全国百佳图书出版单位

图书在版编目（CIP）数据

社会组织的资源获取：以温州绿眼睛环保组织为例 / 周爱萍著. -- 厦门：厦门大学出版社，2023.9
（经济新视野）
ISBN 978-7-5615-9065-2

Ⅰ. ①社… Ⅱ. ①周… Ⅲ. ①环境保护机构-研究 Ⅳ. ①X-2

中国版本图书馆CIP数据核字(2023)第140699号

出 版 人　郑文礼
责任编辑　潘　瑛
美术编辑　李嘉彬
技术编辑　朱　楷

出版发行　厦门大学出版社
社　　址　厦门市软件园二期望海路 39 号
邮政编码　361008
总　　机　0592-2181111　0592-2181406(传真)
营销中心　0592-2184458　0592-2181365
网　　址　http://www.xmupress.com
邮　　箱　xmup@xmupress.com
印　　刷　广东虎彩云印刷有限公司

开本　720 mm×1 000 mm　1/16
印张　15.25
插页　2
字数　230 千字
版次　2023 年 9 月第 1 版
印次　2023 年 9 月第 1 次印刷
定价　66.00 元

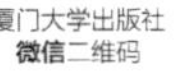

厦门大学出版社
微信二维码

厦门大学出版社
微博二维码

前　言

20 世纪 80 年代以来，随着我国政治经济体制改革的不断深入，大量自由流动资源和自由活动空间涌现。社会组织充分利用这一机遇，发展势头迅猛，开始广泛活跃于政府、私人领域（家庭）、企业之间，在各个领域发挥了组织的突出作用，也得到越来越多人的信任。那么，这是否意味着西方语境下的“市民社会”在我国本土开始萌芽发展？在实际生活中，社会组织能否成为一个与政府部门、营利组织并列的独立组织？社会组织在实际运作中呈现出怎样的组织特性？其面临哪些发展困境？社会组织与其他组织的关系又是怎样的？它们是怎样获取生存与发展资源的？我国社会组织迅速发展及其在发展过程中所存在的诸多问题，已引起学者们的广泛关注，同时也激发了他们的研究热情和兴趣。本书选择温州绿眼睛环保组织作为个案，研究其作为一个自下而上的社会组织（以下简称组织），是如何与政府、媒体、社会公众互动，从而获得生存与发展资源的。组织与这些主体交换着什么样的资源？组织与这些主体间有着什么样的冲突？组织又是采取了什么样的互动策略来增加谈判筹码，以获得更多的资源？当外在的要求与组织内在目标不一致时，组织又是如何处理生存与组织宗旨之间关系的？从资源依赖的角度看，组织在与其他主体互动中是如何保持自主性与独立性的？笔者希望通过研究绿眼睛环保组织这一典型案例，来探讨我国那些自下而上的社会组织（即民间非营利组织）如何与其他社会主体互动获得生存与发展资源，以及在此过程中组织的独立性和自主性是怎样的。

本书采用定性研究方法，以绿眼睛环保组织为例，运用参与观察法、文献法、深度访谈法收集资料，通过对组织发展有重要影响的事件和活动进行分析，来探讨组织与其他主体的互动情况。笔者经过实证研究发现，目前对绿眼睛环保组织生存与发展有直接影响的社会主体主要有政府、媒体、社会公众三类。通过对它们之间的互动情况进行研究分析，笔者认为，绿眼睛环保组织在资金、办公设施、技术、规范制度、合法性等资源方面对政府、媒体和其他的社会组织有着较强的依赖关系，这就对组织的发展及其与这些主体之间的关系产生了深刻影响，这些资助方往往有“我出了钱、出了力，你就要去办事”的想法，进而影响着组织的独立性和自主性。具体来看，政府早期对绿眼睛环保组织的项目资金支持较少，近几年主要采取购买服务的方式来资助绿眼睛，对于它们购买服务的项目，政府很少去干涉其具体操作，主要通过法律法规来实施监控；绿眼睛对媒体的依赖性最突出的表现就是，组织很多活动的顺利开展需要媒体的广泛报道和介入，组织的委员和志愿者很多都是媒体工作人员；组织对公众的依赖在初期表现为志愿者的参与和其缴纳的会费，随着组织发展，现在更多地表现为对组织活动提供资金、技术支持的其他非营利组织，组织需要根据资助方的要求开展活动，自主性明显下降。

由此，笔者认为，我国社会组织在未来发展中迫切需要提高两个方面的能力：第一，反思能力，在发展的过程中，组织能否时刻反思并警惕任何来自资助方、政府或其他力量和因素对组织发展方向的可能影响；第二，坚持能力，即组织能否始终坚持其创立时的宗旨和使命，不偏离组织发展的基本方向，无论在什么情况下都不要迷失了前进方向。全书共分七章内容：

第一章为导论部分。该部分首先介绍了笔者选择温州绿眼睛环境文化中心作为研究个案的原因；然后在对国内外非营利组织方面相关研究进行梳理和总结的基础上，归纳出它们目前存在的不足；最后对本书研究的类型、资料收集的具体方法进行简要的说明，从而为后文的论述与分析做铺垫。

第二章则在对绿眼睛的组织创建、组织性质、组织宗旨、人员构成、组织活动、资金来源等方面做简要介绍之后，提出本书研究的主要问题，进而阐述对这些问题进行分析的视角、纬度及具体框架。

第三章为温州绿眼睛创建的宏观背景与现实环境。本章基于整个社会政治、经济体制改革的大环境，介绍温州绿眼睛创建的宏观背景及环保工作的需求与组织创建的现实原因。

第四章至第六章是本书的核心部分，这几章分别对组织与政府部门、媒体、社会公众在互动过程中的合作、冲突与组织的调适进行分析，探讨组织在互动过程中应采取何种策略以获得自身生存与发展资源。

第七章为本书的总结与讨论部分，对前文的分析及已表明的重要观点进行系统的梳理和总结，并从绿眼睛环保组织资源获取的角度对我国社会组织未来发展做了一些前瞻性的分析。

目 录

第一章　导论

第一节 研究缘起

可以说，中国社会在改革开放前，是政治、经济、社会三者合一的统治体制，我国学界将其称为“总体性社会”，在总体性社会中，国家与社会的关系是“强国家—弱社会”的模式。在这种模式中，社会完全受控于国家，社会结构分化程度很低，国家对公民生存和发展的稀缺资源、从事社会性活动的具体场所和领域都有着绝对的控制权。即使国家不具备完全承担某一领域活动的能力，也不允许国家之外的力量介入进来，因为这将对国家整体目标的实现和既定社会结构与秩序造成破坏。从总体上来说，由于人们对于国家控制资源的依赖，形成了个人对国家的高度依附性。对于普通老百姓来说，如果不去依附国家，将会失去最基本的生存权利。

在改革开放已经进行了40多年后的今天，这种依附性的影响已经大大降低。从社会学的角度来看，这40多年的改革开放历程对中国的社会、政治、经济都产生了重要影响，导致了中国社会结构中一系列重要的变化：国家对稀缺资源和社会活动空间的控制正在逐渐削弱，社会正在成为一个与国家并列的、相对独立地提供资源和机会的渠道。这种改变主要得益于发展市场经济，这种资源和机会可以在市场中通过交换获得。社会能够成为独立提供资源和机会的渠道，也与政府体制改革所释放出来的“自由流动资源”和“自由活动空间”有关。这些变化深刻地影响并改变了人们的社会生活，也为我国民间公益组织的形成和发展提供了肥沃的土壤。

在《1990年民政事业发展统计报告》中，民政部第一次列出了社团管理这一项，指出在社团管理方面，贯彻国务院批准颁布的《社会团体登记管理条例》，对现有的社团开始了清理整顿。1990年经民政部批准成立的全国性社团83个，责令违法社团限期解散1个(全国企事业住宅研究会)。地方社团管理工作也开始起步，民政部门登记省级及以下社团组织10836个。①

截至2021年底，全国共有社会组织90.2万个，比上年增长0.9%；吸纳社会各类人员就业1100.0万人，比上年增长3.6%。短短30多年的发展，社会组织的规模和质量都有大幅提升，并在我国社会生活中发挥着重要作用。②

然而引起我们关注的是，我国现阶段发展起来的社会组织与国外社会组织有着十分不同的特征。究其原因，是受到中国“总体性社会”遗留的影响，也是中国“后总体社会”特征的必然产物。在我国社会组织中，有相当一部分与政府部门有着千丝万缕的关系，有的甚至官方色彩非常强烈，比如中国青少年发展基金会开展的希望工程项目，绝大部分人将其看成是政府开展的项目。而社会组织的一个重要特性——民间性，在这类组织中没有很好地体现出来。而那些自下而上的社会组织是国家控制之外的市民社会发育基础，研究这类社会组织的生存发展问题对于我国社会组织的未来发展方向有着现实意义。

据笔者了解，在我们国家，那些发展比较好、影响比较大的社会组织往往要么是有政府部门背景，比如中国青少年发展基金会与团中央、中国慈善总会与民政部等；要么是社会名人创办的，比如梁从诫创办的自然之友，汪永晨创办的绿家园等。而那些没有什么社会资本，也就是所谓的草根阶层创办的社会组织在资源获取中有着不同的行动策略，研究这些组织在发展中怎样与其他组织或个人互动获得各种资源来供其生存与发展就具有十分重要的意义，而笔者在实践中刚好有对这种互动关系进行深入研究的机会。

笔者2008年在上海读博期间，就被一个在上海映绿公益事业发展中心

---

① 政务和机关事务局.1990年民政事业发展统计报告[EB/OL].(1991-04-04)[2021-05-05]. http://www.mca.gov.cn/article/sj/tjgb/200801/200801150094309.shtml.

② 民政部. 2021年社会服务发展统计公报[EB/OL].(2022-08-26)[2022-09-27]. http://images3.mca.gov.cn/www2017/file/202208/2021mzsyfztjgb.pdf.

工作的朋友邀请去当志愿者，这个机构是一家致力于促进公益组织能力建设、倡导公益合作的支持机构。笔者在做志愿者的过程中，认识了温州绿眼睛环保组织[①]（以下简称“绿眼睛”）的创始人方明和及组织其他工作人员，他们当时来映绿做组织培训。在接触的过程中，笔者对绿眼睛和创始人方明和创建组织的过程有了一定了解。绿眼睛的创始人方明和在创办绿眼睛的时候还是一个没有什么社会资本的高中生，但这样一个没有什么社会资本的高中学生创办的社会组织却从2000年的一无所有发展到2008年拥有3个在民政部门正式注册的法人公益机构（浙江温州绿眼睛环境文化中心、浙江苍南县绿眼睛青少年环境文化中心、福建福鼎市绿眼睛环保志愿者协会），拥有16个专职工作人员、6个办公室（浙江2个、福建1个、广东1个、海南1个、辽宁1个），指导各地2000多名青少年和社会志愿者开展环境文化活动，是华东地区规模较大的环保类社会组织。

2006年，映绿组建了映绿公益机构个案研究小组，对八家公益机构进行研究，绿眼睛是其中的一个研究对象。映绿团队2007年专程赴浙江温州对绿眼睛的创始人、团队成员、志愿者、主管部门苍南县团委、环保局、林业局进了访谈，研究了绿眼睛的志愿者动员与组织机制。而笔者有幸获得了这些材料，这对笔者了解该组织起到了很大作用。“80后”曾被许多人称为“垮掉的一代”，而出生于80年代后的方明和却被《南方周末》称为中国民间环保组织最年轻的“掌门人”，曾获得国家八部委联合授予的“全国保护母亲河先进个人”荣誉称号，是浙江省唯一被共青团中央中国青年志愿者协会聘请为常务理事的志愿者代表。方明和为了绿眼睛两度放弃了高考，才成就了绿眼睛的今天。绿眼睛的其他工作人员基本上也都是刚刚高中毕业或者大学毕业的年轻人，志愿者也主要是学生群体，其中既有小学生也有大学生。

---

① 绿眼睛环保组织于2000年在温州成立，由当时还在读高二的方明和发起创办。

2008年的暑假，笔者回到温州[①]并正式加入绿眼睛成为志愿者，在此过程中，笔者对他们开展什么样的活动、如何开展活动，以及组织创建时候的艰辛、组织如何获取发展资源有了更深入的了解。在这期间，笔者就想将绿眼睛作为自己的研究对象，研究该组织作为一个民间社会组织是如何一步步走过来的。2009年3月份，笔者又再次回到温州，在绿眼睛待了20多天，参加了绿眼睛与温州环保局、苍南教育局、美国太平洋环境组织、温州大学的一些合作事宜，参观了绿眼睛苍南总部的动物救助站，并对绿眼睛的方明和、浙江办公室的专职工作人员和部分志愿者进行了访谈。随着笔者调查的深入与对社会组织研究的文献梳理，笔者觉得自己的博士论文研究方向可以将该组织作为一个个案。由于该组织是自下而上的民间社会组织中发展比较好的典型，将其作为研究对象既具有重要的理论意义，也有很强的现实意义。

2009年3月，笔者参加绿眼睛活动的合影留念

① 笔者虽然不是温州人，但当时笔者的父母住在温州的哥哥家，所以笔者寒暑假也都在温州度过。

如今笔者博士毕业已经十年了，这十年间笔者一直关注绿眼睛的成长变化，也见证了绿眼睛很多骨干成员的成长。早在2006年，绿眼睛骨干队员ZCZ就接管了福建福鼎市绿眼睛环保志愿者协会，成为协会的会长。[①]该协会及ZCZ本人也先后获得各种国内外大奖：国际“福特汽车环保奖”、福建省十佳志愿者服务集体、福建省首届十大环保志愿者、福建省第三届十佳青年志愿者、“感动福建”十大人物提名、宁德市十大杰出青年、宁德市十大志愿者服务集体、宁德市十佳青年志愿者等。2012年，绿眼睛原华南项目主任ZYY在绿眼睛的鼓励下在杭州创办艾绿环境发展中心并担任总干事。2013年，绿眼睛原行政主管BHB创办了温州绿色水网中心并担任总干事。方明和于2012年12月21日注册了温州市绿眼睛生态保护中心，并于2020年6月注销了浙江温州市绿眼睛环境文化中心和浙江苍南县绿眼睛青少年环境文化中心。这些变化既有组织自身活动宗旨的变化，也有社会大环境的推动。2013年中共十八届三中全会通过的《中共中央关于全面深化改革若干重大问题的决定》明确指出：“限期实现行业协会商会与行政机关真正脱钩，重点培育和优先发展行业协会商会类、科技类、公益慈善类、城乡社区服务类社会组织，成立时直接依法申请登记。”已经成立的四类社会组织与原有业务主管单位逐渐脱钩，与此同时，在社会组织的登记管理上取消不必要的审批，下放权限。民政部已经提出取消社会团体筹备成立的审批，取消社会团体和基金会设立分支机构的审批。2018年，民政部会同公安部联合开展了为期9个月的集中打击整治非法社会组织专项行动，重点对利用“一带一路”建设、“军民融合”、“精准扶贫”等国家战略名义骗钱敛财和冠以“中国”“中华”“国际”等字样开展活动的非法社会组织予以打击整治。2021年3月20日，中国民政部会同有关部门联合召开进一步打击整治非法社会组

① 福建福鼎市绿眼睛环保志愿者协会刚注册时，也由方明和担任法人代表。

织电视电话会议，全面部署开展进一步打击整治非法社会组织专项行动。本次打击整治专项行动针对的是未在社会组织登记管理机关登记，也未在编制部门、市场监督管理部门及中国香港、澳门、台湾地区和其他国家、地区登记，擅自以社会团体、民办非企业单位、基金会名义开展活动的组织，以及被撤销登记或吊销登记证书后继续以社会组织名义活动的组织。2021 年全年共查处社会组织违法违规案件 8594 起，行政处罚 8024 件，民政部门打击非法社会组织的决心和力度一次比一次大，在此情况下，那些草根社会组织能否登记注册则成了组织存亡的关键。2013 年党的十八届三中全会作出的《中共中央关于全面深化改革若干重大问题的决定》提出了激发社会组织活力，正确处理政府和社会关系，加快实施政社分开，推进社会组织明确权责、依法自治、发挥作用的改革新思路，为探索培育社会组织的实践指明了方向，政府购买社会组织服务出现井喷式增长。党的十九届四中全会创新性地提出要建设人人有责、人人尽责、人人享有的社会治理共同体，为社会组织释放了更大的自由活动空间，社会组织迎来了前所未有的发展机遇。《社会组织登记管理条例》的制定再次被列入《国务院 2020 年立法工作计划》和民政部《"十四五"社会组织发展规划》工作计划中，《社会组织登记管理条例》正式施行后，我国现行的《社会团体登记管理条例》、《基金会管理条例》和《民办非企业单位登记管理暂行条例》三大条例将同时废止……

社会洪流滚滚向前，社会组织管理大环境的改变释放出大量的制度性空间，社会组织也获得了更多参与地方治理的机会和更多政府购买组织服务的资金支持，党的十九届五中全会指出要"发挥第三次分配作用，发展慈善事业，改善收入和财富分配格局"，明确第三次分配为收入分配制度体系的重要组成部分，确立了慈善等公益事业在我国经济和社会发展中的重要地位，在这一大背景下，怎样发挥社会组织在实现共同富裕中的作用就显得十分重要。这些变化了的社会现实必将影响到社会组织的资源获取和自主性，而这正是笔者重新关注这一问题的现实原因，在本书中，笔者将在原博士论文的基础上对这个研究对象进行深入研究，其中包括结合变化了的形势来探讨社会组织在发展过程中为了获取资源和保持独立性采取了哪些行动策略，社会组织如何在变化了的形势中立足等内容。需要说明的一点是，本书以社会组织作为主体概念，但当前学界对非政府组织、非营利组织、第三部门、志愿组织等概念并无明确的区分，且这些概念本身就有许多重叠之处，因此，在本书的论述中，尤其是文献综述部分，不可避免地会混用这些名称，特此说明。

第二节 先行性研究述评

一、国外非营利组织的研究述评

周雪光在《组织社会学十讲》中曾说过："社会学的研究就是对组织行为或组织制度的研究，或者说是在组织背景下研究人们的社会活动。"[①]随着非营利组织的大量出现和蓬勃发展，其作为一种重要的社会组织形态，已经成为社会学界、经济学界、法学界等的研究重点和热点。从 1970 年代至今，对非营利组织的研究热潮从未减退。概括来说，西方学者的研究主要着重于以下几点：

（一）非营利组织存在与发展的原因

自 1970 年代以来，北美和欧洲的学术界掀起了非营利组织研究的热

① 周雪光.组织社会学十讲[M].北京：社会科学文献出版社，2003：6.

潮,非营利组织研究也开始在世界范围内成为一个新兴的跨学科研究领域。传统的观点认为,社会由市场和政府两部分组成。人们的大部分需求都可以通过市场来满足,市场不能满足的部分则由政府来提供。但后来人们发现,有些公共物品是市场和政府都无法提供的,需要一个既非营利组织又非政府的这样一个部门来弥补这一缺陷,非营利组织就开始出现了。西方的学者们从不同的角度对这一现象进行了解释,影响较大的理论有以下几个:

1.市场、政府失灵理论(market、government failure theory)

该理论最早由美国经济学家伯顿·威斯布罗德(Burton Weisbrod)在1974年提出,他用需求—供给这样一个经济学传统的分析范式来解释非营利组织的存在,认为非营利组织的兴起是由于市场和政府组织在提供公共物品方面存在缺陷,即非营利组织是"政府失效"和"市场失灵"之后的替代衍生物。[①] 该理论虽从功能上说明了非营利组织存在的必要性,但没有解释非营利组织为什么能够提供公共物品、非营利组织的组织特性是什么等重要问题。

2.契约失灵理论(contract failure theory)

该理论是由美国学者汉斯曼(Henry B. Hansmann)提出的,他也是从经济学的角度研究非营利组织问题,他从非营利组织所具有的"非分配约束"特性的角度,论证了为什么某些特定物品只能由非营利组织而不是营利性的市场组织来提供。[②] 与威斯布罗德的市场、政府失灵理论相比,汉斯曼注意到了非营利组织自身的一些特点,并对这些特性导致的非营利组织在提供某些物品时的优势进行了透彻分析,进而说明为什么某些活动只能由非营利组织而不是营利组织来承担。但这种理论仍然是从制度需求的角度来分析

---

① 王绍光.多元与统一:第三部门国际比较研究[M].杭州:浙江人民出版社,1999:31.

② HANSMANN H B. The role of nonprofit enterprise[J]. Yale law journal,1980(89):835-901.

非营利组织的存在，对政府与非营利组织之间的关系也没有进行详细论述。

3.第三方政府理论（the third-party government）

这是美国的非营利组织研究专家萨拉蒙（L. M. Salamon）提出的。该理论不是将非营利组织看作是政府和市场失灵后的产物，而是从政治与非营利组织之间在组织特点、运行方式、活动成本等方面优劣互补性的角度，论证了二者建立伙伴合作关系的可能性和重要性。[①] 第三方政府理论与前两种理论相比，已经注意到非营利组织自身的一些特点，因此更全面，更有说服力。

（二）非营利组织的作用和不足

许多学者肯定了非营利组织在社会经济发展中的作用。如密勒弗斯基（Milofsky）从社区的层面上把非营利组织的作用归纳为整合社区资源、促进社会公正和满足人类最高层次的需要等。赫尔（Hall）从政府、营利组织与非营利组织三大部门互动的角度，认为非营利组织具有三种补充性作用：供给政府和营利组织都不愿和不能提供的社会需求和公共服务；执行国家分配的公共任务；影响国家、营利组织或其他非营利组织的政策方向。史密斯（Smith）则将非营利组织的作用总结为十大方面：一是提高社会整合的水准；二是弥补社会道德的不足；三是提供娱乐的场所；四是发挥社会缓冲器的作用；五是提供社会创新的实验场；六是提倡志愿精神；七是为个人潜能的发挥提供机会；八是对经济体系提供支持；九是监督社会整体结构的发展；十是为社会发展储备能量。[②]

在肯定非营利组织积极作用的同时，学者们也同样指出了非营利组织存在的一些缺点和不足。赫尔就认为，非营利组织对国家和市场有一定程

---

① SALAMON L M. Rethinking public management: third-party government and the changing forms of government action[J]. Public policy, 1981(3): 255-275.

② 邓国胜，何建宇.非政府组织的理论研究[M]//王贻志，周锦尉.国外社会科学前沿(2002).上海：上海社会科学院出版社，2003：107.

度的依赖性，这种依赖性既表现在非营利组织对财政需要和其他资金需求方面，又体现在非营利组织对政府部门和市场组织成熟的结构与运作方式的学习和模仿上。在这种情况下，非营利组织不可能完全独立于国家和市场，势必会出现官僚化倾向和目标的转移。① 萨拉蒙同样认为，我们在强调非营利组织高效、反应灵敏等优点的时候，需要解除关于非营利组织的三个神话，即非营利组织"志愿主义的神话"、"完美无瑕的概念的神话"和"德行完美的神话"。② 丹尼斯(Dennis R. Young)则怀疑非营利组织是以高效提供服务、向公众负责为主要宗旨，他认为非营利组织的存在与兴起只是一种解决福利国家职能危机的辅助手段，通过公众参与处理社会事务，福利国家的职能危机得到了转移，缓解了这一危机对民主政治系统造成的威胁。③

(三)政府—非营利组织关系的类型学

政府与非营利组织的关系问题一直是非营利组织研究的热点和重点，对于两者之间的关系类型，目前在西方学界并未达成一致意见，较具代表性的观点主要有以下几种：

1.博弈零和的关系模式

有些学者认为，非营利组织的出现和发展是因为国家逐渐让渡某些空间，而不仅仅是为了提高效率。经过反复博弈，国家将自己原先支配的一些领域转给非营利组织来支配，某些非营利组织也承担起提供社会公共服务的职能。无论国家是主动退出还是被动选择，这都是国家和非营利组织两

① HALL P D. A history overview of the private nonprofit sector//POWELL W W. The nonprofit sector: a research handbook. New Haven: Yale University Press, 1987: Chapter 1.

② 萨拉蒙.第三域的兴起[M]//李亚平，于海.第三域的兴起：西方志愿工作及志愿组织理论文选.上海：复旦大学出版社，1998：18-22.

③ YOUNG D R. Alternative models of government-nonprofit sector relations: theoretical and international perspectives[J]. Nonprofit and voluntary sector quarterly, 2000, 3, 29(1): 149-172.

者之间长期博弈的结果，是国家适应新形势发展的要求和非营利组织扩展的结果。根据这种理论视角，非营利组织可以发挥抑制国家在所有领域的控制力的作用。①

2."四模式"理论

博弈零和的关系模式认为非营利组织和政府之间存在对立冲突，二者之间的关系是"博弈零和"的。对此，本杰明·纪德伦(Benjamin Gidron)和萨拉蒙(L. M. Salamon)等提出了强烈的批评。他们通过对政府与非营利组织之间的关系进行国际比较后，认为博弈零和的关系模式不是在历史传统和现实的考察基础上得出的结论，只是一种意识形态层面的争论。同时，该模式也忽略了在不同层次、不同领域中非营利组织与政府之间关系的区别。他们认为，在某种程度上，非营利组织与政府之间存在不一致，但二者之间仍然存在相互依赖与普遍合作，而且政府对非营利组织的支持力度比私人或其他组织要大得多，这也是我们必须正视的事实。本杰明·纪德伦和萨拉蒙等认为，在所有的福利服务中，有两个要素至为关键：服务的资金筹集和授权、服务的实际提供。他们以这两个要素为标准，将政府与非营利组织的关系总结为四种基本模式，即政府支配模式、非营利组织支配模式、双重模式和合作模式。这四种基本模式如表1-1所示。

表1-1 政府与非营利组织关系模式

	模式			
功能	政府支配模式	双重模式	合作模式	非营利组织支配模式
资金筹措	政府	政府/非营利组织	政府	非营利组织
服务提供	政府	政府/非营利组织	非营利组织	非营利组织

资料来源：GIDRON B, KRAMER R, SALAMON L M. Government and the third sector [M]. San Francisco: Jossey-Bass Publishers, 1992: 18.

① 萨拉蒙，安海尔.公民社会部门[M]//何增科.公民社会与第三部门.北京：社会科学文献出版社，2000：266.

3."三模式"理论

丹尼斯运用经济学的理性选择模型分析了非营利组织与政府之间的互动模式,他对"四模式"理论进行了修正,将其归纳为三种:互补模式(complementary model),非营利组织与政府部门是合作伙伴关系,政府提供一定的经费,非营利组织协助政府提供一定的服务;补充(supplementary model)模式,认为非营利组织能够满足那些政府无法提供的公共物品的需求,非营利组织需自行筹措资金;抗衡模式(adversarial model),非营利组织督促政府的公共政策,推动政府公共政策的改革,以保证政府能够对公众负责,履行职责,而政府也通过各种规范措施来影响非营利组织的行为。通过对美国、日本、英国等国的非营利组织个案进行比较,丹尼斯试图根据其理论模式归纳在不同历史条件下,非营利组织与政府的关系及其动态变化过程。[①]

(四)非营利组织与其他部门的关系

除了关注非营利组织和政府的关系,非营利组织与营利组织以及非营利组织之间的关系也是一些学者的关注点。罗伯特·伍夫努(Robert Wuthnow)提出的国家、市场和志愿部门的三部门模式是这方面的代表。

伍夫努将国家定义为"由形式化的、强制性的权力组织起来并合法化的活动范围"。国家的主要特点是强制性的权力。市场被定义为"涉及营利性的商品和服务的交换关系的活动范围","它是以与相对的供给和需求水平相关的价格机制为基础的",市场主要以非强制的原则来运作。志愿部门被定义为"既不是正式的强制,也不是利润取向的商品和服务的交换的剩余的活动范围",它主要以志愿主义的原则来运作。[②]

伍夫努认为,在概念上,非营利组织、政府和营利组织之间的关系看起

① YOUNG D R. Alternative models of government-nonprofit sector relations: theoretical and international perspectives[J]. Nonprofit and voluntary sector quarterly, 2000,29(1):149-172.

② 田凯.非协调约束与组织运作[M].上海:商务印书馆,2004:24.

来比较清晰，但在实践中，随着它们三者之间的互动越来越频繁，它们的关系也正日益变得模糊。它们之间除了竞争和合作外，在组织结构、管理方式和运作方式等方面开始出现了某种程度上的趋同现象，不同的社会之间只是这三个部门重叠的程度不一样。[①]

（五）现有西方理论解释我国社会的缺陷

通过前面的文献梳理和总结可以看出，西方学者对社会组织的研究为我们提供了非常有价值的理论参考。他们对社会组织的角色定位和作用的总结，以及对社会组织、政府、市场三部门之间复杂关系的归纳，让我们看到了社会组织在社会发展中所发挥的重要作用，同时也不得不正视社会组织自身所存在的缺点和不足。但这些学者的研究成果来源于西方社会的现实，他们的“市民社会”“法团主义”等理论框架带有强烈的西方文化和制度结构色彩。而我国有着不同于西方的社会结构和制度文化，因此运用这些理论来解释我国社会组织发展的实际情况未必适合。比如市场、政府失灵理论从政府失灵和市场失灵角度论证了非营利组织产生和存在的必要性，但当我们试图运用该理论来分析我国的实际时，这些解释就存在着局限性。我国政府失灵的原因与西方社会是不同的，其表现为政府进行资源动员和社会治理能力上的失灵，而不是像威斯布罗德所说的政府反映中位选民偏好的投票决策方式导致的失灵。

此外，我国的现代化模式属于政府主导、后发外生型，且社会对政府一直有着很强的依赖性，这就决定了我国的社会组织要想生存和发展，就需要政府的支持和帮助，而要在社会层面上自发生成是很难的。这些限制决定了我国的社会组织不能完全独立于政府部门，需要与政府部门进行极其复杂的互动。在我国，我们有时候甚至不能明确地区分哪些是政府部门，哪些

---

① WUTHNOW R. Between states and markets: the voluntary sector in comparative perspective[M]. New Jersey: Princeton University Press, 1991:5-7.

是社会组织。正如沈原、孙五三在《"制度的形同质异"与社会团体的发育——以中国青基会及其对外交往活动为例》一文中所说,"如果我们一定要切割中国社会生活的现实,使之符合于'公民社会',或'法团主义'的模式,则不免有削足适履之嫌,使人难以面对中国社会的'真问题'之所在"。[①]

对于社会组织和政府的关系,无论是纪德伦、丹尼斯等人提出的政府—非营利组织关系的类型学,还是伍夫努的政府、市场、志愿部门相互依赖理论,都是从宏观层面上把握政府与非营利组织之间的关系,这种分类往往容易使问题简单化、理想化。而且和其他国家相比,我国社会组织的发展处于极为复杂的社会历史传统中,我国的社会组织无论是发育兴起、获取资源,还是组织的管理体系等方面都与国家体制之间存在着极为复杂的关系。因此我们不可能完全照搬西方的这些理论来解释我国的现实,否则会出现"水土不服""削足适履"的现象,我们需要用更多的本土化理论来研究和解释我国社会组织的实际发展情况。

二、国内非营利组织的研究评述

20 世纪 80 年代以来,在我国政治经济改革不断深入的背景下,自由流动资源和自由活动空间开始大量出现,社会组织充分利用这一机遇,发展势头迅猛。社会组织广泛活跃于政府、私人领域(家庭)、企业之间,在各个领域发挥了组织的突出作用,得到越来越多人的信任。那么这是否意味着西方语境下的"市民社会"在我国本土开始兴起?在实际生活中,社会组织能否成为一个与政府部门、营利组织并列的独立组织?社会组织在实际运作中有着怎样的组织特性,面临哪些发展困境?社会组织与其他组织的关系

① 沈原.市场、阶级与社会[M].北京:社会科学文献出版社,2007:301-324.

又是怎样的？它们是怎么获取生存与发展资源的……在我国社会组织迅速发展及其在发展过程中所存在的诸多问题，已引起了许多学者的广泛关注，也激发了他们的研究热情和兴趣。虽然这些学者有着不同的研究切入点、研究路径和研究结论，但他们所关注的对象是相同的。

（一）非营利组织的概念界定与划分

科学研究的基础和前提是对概念进行精确、明了的界定。但目前，"非营利组织"这个在世界范围流传甚广的概念，即便是在西方社会，对其的界定也没有形成一个明确的内涵和外延。

一方面，各个国家、各个领域的学者们在具体的操作过程中，经常会根据自己的研究需要或者个人的研究偏好侧重不同的方面，这就使得"非营利组织"这一概念在实践过程中往往有着不同的提法，比如有"非政府组织""社会团体""第三部门""慈善组织""中介组织""社会组织""民间组织"等众多不同的提法。

另一方面，我国在社会经济转型时期，又确实存在并不断新生着大量运作模式与政府部门、企业所不同的社会组织，而且这些组织和西方话语下的非营利组织也存在较大的差异，如果严格按照西方社会提供的一些非营利组织的标准，比如美国约翰·霍普金斯大学非营利组织比较研究中心提倡的"结构—运作定义"（该定义认为，只有符合非营利性、志愿性、组织性、民间性和自治性五个特性的组织，才可以称得上是非营利组织[①]），那么我们国家可以说并不存在具有这些特征的非营利组织。为了解决非营利组织这个概念从西方引入我国所存在的这些问题，同时也为了便于借鉴西方研究成果和进行国内外的比较研究，大多数的学者倾向于根据我国的实际情况来界定非营利组织，从而修订了西方界定非营利组织的"五特征说"，做出了更具本土情境化的界定。比

① 邓国胜.非营利组织评估[M].北京：社会科学文献出版社，2001：2.

如康晓光在《NGO 扶贫行为研究》中就提倡，“只要是依法注册的正式组织，从事非营利性活动，满足志愿性和公益性要求，具有不同程度的独立性和自治性，即可被称为非营利组织”[①]；王名、刘国翰、何建宇他们认为，“非营利组织是指在政府部门和以营利为目的的企业（市场部门）之外的一切志愿团体、社会组织或民间协会”[②]。但笔者认为，这些“修订”不是真正从理论上总结出了我国非营利组织的本质特征，大多数还局限于经验层面，这往往给很多初次涉足非营利组织研究和实际工作的人带来诸多不便，不知如何着手。

学者们对我国非营利组织的概念界定不统一，不同的学者研究切入点不一致，加之非营利组织自身内部也存在诸多不同，这就使得对我国非营利组织的划分也呈现出五花八门的现象。有些学者根据非营利组织服务对象的范围不同，将非营利组织划分为公益型的非营利组织和互益型的非营利组织，或者依据非营利组织是否拥有会员和组织目标性质的不同而将其划分为会员公益型非营利组织、运作型非营利组织和会员互益型非营利组织。[③] 康晓光依据非营利组织的起源方式将非营利组织划分为：由党政机构发起创办的非营利组织（自上而下型），由事业单位、企业、个人发起创办的非营利组织（自下而上型）和由海外组织或个人发起创办的非营利组织（外部输入型）。[④] 王颖、折晓叶、孙炳耀则依据非营利组织和政府关系的密切程度进行分类，他们将非营利组织分为官办非营利组织、半官方非营利组织和民办非营利组织三类。[⑤] 由于我国社会组织登记管理的要求比较苛刻，导致现阶段我国存在大量已经得到社会和政府的承认，但在某些方面又不满足登记条件的社

---

① 康晓光.NGO 扶贫行为研究[M].北京：中国经济出版社，2001：2.

② 王名，刘国翰，何建宇.中国社团改革：从政府选择到社会选择[M].北京：社会科学文献出版社，2001：12.

③ 康晓光.NGO 扶贫行为研究[M].北京：中国经济出版社，2001：17.

④ 康晓光.权力的转移：转型时期中国权力格局的变迁[M].杭州：浙江人民出版社，1999：219.

⑤ 王颖，折晓叶，孙炳耀.社会中间层：改革与中国社团组织[M].北京：中国发展出版社，1993：28.

会组织。因此，有学者认为，在外延上，“中国 NGO”一词包括了依法在民政系统登记的社会团体、民办非企业单位和基金会，也包括未在民政系统登记的另外五类组织，即工商登记非营利组织、城市社区群团组织、农村基层民间组织、境外在华 NGO、其他新型社群组织，此外还在广义上包括了人民团体。[①]

（二）关于非营利组织研究的几种视角

在西方语境的关照和指引下，我国非营利组织的研究开始逐步展开，这种研究就必然会受到西方已有研究的诸多影响。但这种影响已随着学者们研究的逐步深入变得越来越小了。如今，我国非营利组织的研究也开始转向对本土社会的实证研究和理论思考。笔者粗略总结了一下我国非营利组织的研究，目前主要有以下几种视角：

1.国家与社会关系的视角

在我国非营利组织研究中，国家与社会的关系一直是学者们关注的热点和重点。在这一视角下，主要有两个分析框架，一个是市民社会，这个是最先流行于国内的框架，另一个是法团主义的分析框架。

随着我国社会的转型，国家与社会之间的关系也出现了新变化，根据市民社会的分析框架，可将这一变化的特征归纳为：国家和社会正在分离，开始生成“准”市民社会和“半”市民社会。如英国学者戈登·怀特在对中国浙江萧山地区非营利组织的研究中发现，与改革所引发的社会经济变化相契合，在国家和经济行动者之间，大量迥异于政府和企业的组织正在出现，它们与国家体制的界限日益明显，它们的活动空间也日益扩大。虽然这些组织仍需进入国家指导的运行网络，甚至还具有半官方地位，但是它们已经在利用体制提供的方便来促进民间的沟通，并为组织自身谋求利益。怀特声称这些非营利组织的出现体现了“市民社会”的萌芽，意味着国家与社会之间

① 王名.中国 NGO 的发展现状及其政策分析[J].公共管理评论，2007(7)：132-150.

的权力平衡发生了变化。随着经济改革的加快，非营利组织的扩张将逐渐削弱国家的主导地位，一个较为强大的市民社会将会出现。[①] 在这一研究的影响下，我国的一些学者也开始采用市民社会的分析框架来研究在我国社会的现实情况下，非营利组织在发展过程中会呈现出什么样的发展特征，以及非营利组织的兴起和发展对改变我国国家和社会之间的关系有什么样的作用等。

和市民社会理论不同，法团主义分析框架认为：我国这些年的变化不是国家和社会开始分化，而是国家与社会的界限正变得越来越模糊，二者是相互依赖的。从这一角度出发，学者们对我国非营利组织的研究重点就不再是新出现的社会组织以及非营利组织如何在我国后总体性社会结构的背景下自主发展的问题，而是原有体制中的不同部分在现实社会中又是如何重新整合的问题。这一分析视角受到了许多学者的青睐。这些学者通过对那些具有官方背景的非营利组织进行观察研究后得出，我国非营利组织和国家体制是紧密联系在一起的，甚至有些非营利组织通过政府资源获得了垄断地位（非营利组织登记的非竞争原则更利于其获得垄断地位），这就使得非营利组织在发展过程中没有形成一个公平、平等的外部环境，而这些“官方背景”的非营利组织的兴起和发展呈现出来的是它们对国家的强依附和国家对其的控制，而非国家和社会的分化。例如范明林和程金在《政府主导下的非政府组织运作研究——一项基于法团主义视角的解释和分析》一文中，以Y社团为研究个案，发现在改革开放的作用下，我国政府和非政府组织的关系呈现出法团主义的特征，政府通过授权等多种方式承认社团的合法性，同时也拥有了对社团的控制权。并预测政府和非政府组织之间相互承认和相互连接可能是我国非政府组织在未来很长时期内的发展状态。[②]

---

① 唐斌.中国非营利组织研究述评[J].社会科学辑刊，2006(4)：55-60.

② 范明林，程金.政府主导下的非政府组织运作研究：一项基于法团主义视角的解释和分析[J].上海大学学报(社会科学版)，2006(4)：73-77.

2.交易成本视角

在制度经济学中，交易成本理论运用制度比较分析的方法，以交易成本的节约为主线来研究组织和市场之间的关系。后来，许多学者在研究非营利组织的时候也采用了该视角。萨拉蒙在他的理论中就曾运用“交易成本”这一概念来说明政府和非营利组织的伙伴关系会使社会整体效率得到优化。张春榕从交易成本的视角出发，认为行业协会大大降低了企业的交易成本。[①] 但也有人质疑交易成本解释非营利组织的适用性问题，时立荣就认为交易成本对非营利组织解释既有合理性也有局限性，交易成本不能圆满解释“对于社团等非营利组织有那么多的优势可以降低交易成本，但为什么企业不采取这样的形式?”这个问题。因此，他提倡用交往成本对社团等非营利组织与成员之间的交往行为进行解释。[②]

3.社会资本的视角

从20世纪70年代后期开始，“社会资本”这一概念逐渐发展起来。近年来，社会资本的应用范围越来越广，既被用来考察行动主体的社会关系结构，又在组织或群体集体行动选择中得到运用。有许多学者也运用这一概念来研究我国非营利组织的情况，如陈建民、邱海雄就从社会资本的视角对广州市社团进行实证分析，并指出非营利组织的发展有助于建立人际的互信和互惠交换的规范，从而减少在公众事务和市场上的“搭便车”或利益互损行为。[③] 吴军民、刘汉辉也引入“社会资本”的概念分析南海专业镇行业协会，指出行业协会的组织运作存在三种路径类型，在相同的既定制度框架内，随着嵌入社会关系网络的类型及其程度不同，协会组织运作的具体方式、组织架构会

① 张春榕.交易成本视角下的行业协会的经济学浅析[J].中国商界(下半月)，2010(6)：271.

② 时立荣.交易成本对非营利组织解释的合理性与局限性：交往成本的提出[J].创新，2010(3)：107-110.

③ 唐斌.禁毒非营利组织及其运作机制研究[D].上海：上海大学，2006.

有明显的差异。[①] 杨海龙认为微观社会资本在民间组织的发展中起着核心作用,这种核心作用主要体现在"建构"过程中。建构主要包括民间组织无条件地获利和有条件地获利两种,有条件地利用社会资本会带来组织的改变。民间组织合理对待社会资本将成为组织发展的关键。[②]

4.合法性的视角

在社会科学中,"合法性"这个概念一直有着非常丰富的内涵,它已经不仅仅是指涉某一事物和法律的关系,还包括该事物能否被一定的社会规则或社会秩序所接纳等内容。在非营利组织的研究中,合法性的研究视角获得越来越多学者的青睐,他们认为,可以借鉴该思路来理解我国非营利组织的生存现状。例如,北京大学的高丙中教授就从韦伯、哈贝马斯的合法性理论出发,将非营利组织的合法性分为社会合法性、行政合法性、政治合法性和法律合法性四个维度,进而解释我国的非营利组织为何能在与《社会团体登记条例》不一致的情况下存在及运作的问题。[③] 陶庆则从合法性的角度探讨了地方政府为何愿意并认同"非法"状态的民间商会,认为出现这一现象的原因是政府需要借助民间商会走出自身的权威危机。[④]

(三)国内对非营利组织研究的主要领域

1.我国非营利组织兴起的缘由及发展动力

对于我国非营利组织兴起的缘由,非营利组织的研究者们大都认为是我国政治经济体制改革催生的。在改革开放以前,我国政府可以说是"全能政府""保姆政府",即对社会事务进行大包大揽的管理,但20世纪80年代以

① 吴军民,刘汉辉.社会资本与民间组织运作:以广东南海专业镇行业协会为例[J].华东经济管理,2005(9):42-46.

② 杨海龙.社会资本与民间组织发展的关联[J].重庆社会科学,2010(7):62-64.

③ 高丙中.社会团体的兴起及其合法性问题[J].领导文革,2002(10):11-18.

④ 陶庆.合法性的时空转换:以南方市福街草根民间商会为例[J].社会,2008(4):107-125.

来，情况发生了变化，即所谓的"政府失灵"和"市场失灵"。在这一背景下，政府和社会开始进行制度尝试，政府和社会共同为建设"小政府、大社会""强政府、强社会"的目标而努力，其结果是非营利组织开始兴起。笔者认为，这一判断比较符合我国非营利组织的兴起是随着市场经济的发展，尤其是政府转变职能这个事实。对于我国非营利组织的发展动力，学者们也是仁者见仁、智者见智，提出了许多不同的见解。如王名、刘国翰、何建宇认为我国非营利组织的形成是"从政府选择到社会选择"的结果，他们认为我国在传统的计划经济体制下，中央政府几乎掌握了所有稀缺资源的配置权，在这种情况下，非营利组织发展最主要的内在动力就是追求满足党和政府的需求，以便从国家那里获取组织生存发展的资源，即以政府选择为主。而在现今的市场经济体制下，社会成为一个与国家并列的、相对独立的提供资源和机会的源泉，非营利组织发展的主要内在动力演变成为追求满足社会多元化需求，以便从社会获取更多的资源，即过渡到以社会选择为主；而满足党和政府需求以便克服国家的制度约束，成为其次要发展动力，即以政府选择为辅。[①] 陈晓春、李苗苗从需求动机、利益刺激、社会组织结构和职能变化以及"两部门失灵"等多个角度来论述非营利组织产生和发展的动机。需求动机是驱动非营利组织产生与发展的最初原动力，对主体的行为起支配作用；利益的驱动是非营利组织产生与发展的直接动因，对主体的行为起导向作用；权力的社会化、组织结构的扁平化与职能主体的多样化是非营利组织产生与发展的社会动因；政府与市场提供公共产品的失灵是非营利组织产生与发展的一个主要因素。[②] 邓国胜用供需理论和推拉理论来对 1995 年之后的非营利组织进行研究，动态地研究了自下而上的非营利组织兴起和自

① 王名，刘国翰，何建宇.中国社团改革：从政府选择到社会选择[M].北京：社会科学文献出版社，2001：166.

② 陈晓春，李苗苗.非营利组织的发展：动力、机制与作用[J].湖南大学学报（社会科学版），2006(1)：72-77.

上而下的非营利组织变革的动力；[①]香港学者金耀基认为，非营利组织的兴起有两个来源，一是来自需求方；一是来自供应方，但就现在的内地而言，真正的因需求而产生的非营利组织并不多，主要来自政府的供应。通过政府机构改革，政府采取政策鼓励，资金扶助、支持和促进等方式促成非营利组织的创建，同时将一些政府和市场都做不好的事情交给非营利组织去做。[②]此外，熊跃根也从理论上探讨了像我国这样一个处于经济转型时期的国家中，非营利组织发展的条件与限制。他指出，公私混合和官民身份的重叠是我国非营利组织的普遍特征。一方面，在这种官民身份下，政府可以对非营利组织进行完全的监察和控制；另一方面，非营利组织通过这种双重身份既能获得政府体制内的资源，又能获得体制外的资源。[③]

2.我国非营利组织的基本特性、形成原因、影响和发展走向

学者们普遍认为，我国目前绝大多数非营利组织在实际运作过程中呈现的最基本特性是“官民二重性”。“官民二重性”这一精确概括最早可以追溯到王颖等学者对我国浙江萧山非营利组织的研究。[④] 在这个基础上，一些学者对“官民二重性”做了进一步的分析，如康晓光认为，“官民二重性”这个概念内涵极为丰富，这不仅仅意味着非营利组织具有“半官半民”的“二元结构”，“行政机制”和“自治机制”二者共同支配非营利组织的行为，要通过“双重渠道”（“官方”和“民间”）去获取资源；还意味着非营利组织要想获得“政府”和“社会”认可，就必须既要满足“政府”的需求，又要满足“社会”的需求，

① 邓国胜.1995年以来中国NGO的变化与发展趋势[M]//范丽珠.全球化下的社会变迁与非政府组织(NGO).上海：上海人民出版社，2003：288-294.

② 金耀基.从全球化与现代化看中国NGO的发展[M]//范丽珠.全球化下的社会变迁与非政府组织(NGO).上海：上海人民出版社，2003：8.

③ 熊跃根.转型经济国家中“第三部门”的发展：对中国现实的解释[J].社会科学研究，2001(1)：89-100.

④ 王颖，折晓叶，孙炳耀.社会中间层：改革与中国社团组织[M].北京：中国发展出版社，1993：8-9.

组织必须在只能是“社会”和“政府”都认可的“交叉地带”开展活动。[①] 有的学者探讨这一特性产生的原因，如毕监武认为这是由我国政治社会转型引起的：一方面，我国当前的政治经济改革并不充分，政府依然在经济和社会领域占据主导性地位；另一方面，绝大多数新建立的或重建的非营利组织往往是从国家机构中脱胎而来，是政府机构改革的产物，其生存路径还是在体制内，所以从“路径依赖”角度来看，这些非营利组织必然多多少少有些“官方性”，对政府具有或强或弱的依附性。[②]

对于非营利组织的这种特性对我国非营利组织的成长和发展会有什么样的影响，学者们持有两种不同的看法：一种认为是有积极作用。如于晓虹、李姿姿他们从交易成本的视角出发，认为“官民二重性”是国家、非营利组织和个人三者博弈的结果，非营利组织“官方性”和“民间性”既降低了个人之间组成非营利组织的成本，又节约了政府在社会管理中的行政管理成本。[③] 另一种观点则强调了“官民二重性”的负面影响。他们认为这种“官民二重性”限制了我国非营利组织的自治与自主，阻碍了它们由“官方性”向“民间性”的转换，使得非营利组织的社会合法性不足，对非营利组织和政府都不利，最终会影响到非营利组织的长远发展和政府转变职能。[④]

从我国非营利组织的未来发展看，这种“官民二重性”究竟是一种短暂的特征，还是长久存在于我国非营利组织的特征？目前大多数学者认为，这一现象只是我国社会在转型时期的过渡特征。如王颖、折晓叶和孙炳耀认为，中国非营利组织目前的这种“官民二重性”是双轨经济体制的直接产物，是现阶段政府从直接管理向间接管理过渡的组织形式。随着双轨制的消失

---

① 康晓光.转型时期的中国社团[J].中国青年科技，1999(10)：11-14.

② 毕监武.社团革命：中国社团发展的经济学分析[M].济南：山东人民出版社，2003：110.

③ 于晓虹，李姿姿.当代中国社团官民二重性的制度分析：以北京市海淀区个私协会为个案[J].开放时代，2001(9)：90-96.

④ 毕监武.社团革命：中国社团发展的经济学分析[M].济南：山东人民出版社，2003：110.

和改革的进一步深化，社团的官方性将逐渐式微，民间性将逐步加强，“官办”特性将会向“官助”转变，即出现社团和政府共同管理社会的状况。[①]

3.非营利组织发展的困境和行动策略

虽然非营利组织已登上我国社会经济发展的大舞台，成为一支不可或缺的重要力量，但与非营利组织所应发挥的作用相比还相差甚远。尤其是在我国社会转型的大背景下，对非营利组织的需求日益增加。但另一方面，我国非营利组织的发展与国外相比还存在诸多不足。比如在资源获取方面，我国大多数非营利组织仍然发挥着“拾遗补缺”的作用，需要在政府和市场的共同作用下获取资源，而无法像国外非营利组织那样有生机和活力。王赟在《浅谈我国非营利组织发展的困境及对策》中认为，当前我国非营利组织存在的问题主要表现为：资金渠道狭窄，资源不足；缺乏相应的监督机制，非营利组织管理较混乱；能力不强；社会公信度不足；法制不健全等。[②]也有学者将这些原因总结为先天性和后天性两个方面，其中先天性原因包括非营利组织缺少个人利益，缺乏提高效率的竞争机制和显示绩效的有效方式；后天性原因则包括非营利组织的登记管理严格，即行政干预严重，社会监督不足，缺乏社会公信度，组织的宗旨与使命模糊不清。[③] 针对这一问题，有学者提出从以下几方面进行完善：第一，重新定位登记管理机关；第二，改革业务主管单位；第三，引导民间组织遵守公开性与透明性原则；第四，在民办非企业单位中明确区分出营利组织与非营利组织两种情形等。[④]

为了使我国非营利组织正视发展过程中的这些困境，解决前进道路上

① 唐斌.中国非营利组织研究述评[J].社会科学辑刊，2006(4)：55-60.

② 王赟.浅谈我国非营利组织发展的困境及对策[J].法制与社会，2009(12)：252，259.

③ 龚常，高义强.当代社团发展的问题与路径探讨[J].华中师范大学学报(人文社会科学版)，2003(4)：83-87.

④ 王名，陶传进.中国民间的组织现状与相关政策建议[J].中国行政管理，2004(1)：70-73，96.

的问题，如何采取行动策略就成为研究的重点和焦点。何艳玲等研究了草根社会组织的行动策略并建立起“依赖—信任—决策者”分析框架，总结出草根社会组织可能采用“欢迎、默许、避免和拒绝”四种不同的行动策略来获取资源。[①] 张紧跟和庄文嘉通过对一个草根非政府组织进行个案分析，考察了民间组织在影响政府方面实施的行动策略，分析民间组织在改善与政府的关系促进自身发展中采取的措施，他们将该组织实施的行动策略概括为“非正式政治”。[②] 魏薇通过对上海基督教青年会、上海慈善基金会浦东分会和热爱家园三种不同类型的非营利组织进行研究，从资源依赖理论的角度分析非营利组织内部结构的构建与组织外部环境之间的关系。文章提出在我国社会背景下，非营利组织要想更好地获取组织的资源，组织需要根据外在的环境变化来构建组织的内部结构。[③]

这些学者的研究从不同角度分析了非营利组织在与外部环境主体进行互动获取资源中采取的各种行动策略，这些行动策略与本研究的对象——温州绿眼睛环保组织采取的行动策略有很大区别，这些研究个案的行动策略可以为同类非营利组织未来的发展提供借鉴。

4.中国非营利组织的经验研究

清华大学 NGO 研究所是国内规模最大、较早开展非营利组织研究的机构，自 1998 年成立以来就对我国非营利组织展开了许多大型调研活动，发表了大量的关于非营利组织的研究报告、著作和论文，从不同的角度揭示和总结了我国非营利组织发展的现状、特点、困境和对策；由徐永光主编的“第

① 何艳玲，周晓锋，张鹏举.边缘草根组织的行动策略及其解释[J].公共管理学报，2009(1)：48-54.

② 张紧跟，庄文嘉.非正式政治：一个草根 NGO 的行动策略：以广州业主委员会联谊会筹备委员会为例[J].社会学研究，2008(2)：133-150.

③ 魏薇.非营利组织资源获取和治理结构研究：基于三类非营利组织个案的研究[D].上海：上海社会科学院，2008.

三部门”丛书，就以非营利组织为主题，对中国青少年发展基金会的“希望工程”项目中的募捐机制、资助方式、激励机制、监督机制、法律环境、文化功能、效益评估、发展模式、发展历史、国际比较等方面进行了全面而有益的探讨与分析。[①] 沈原、孙五三以中国青少年发展基金会对外交往活动为例，用“制度的同形异质”这一概念来描述我国非营利组织的发育状况，他们认为，我国的非营利组织具有自治和独立法人的外形，实质上却是共产主义正式组织应对风险制度环境时产生的“组织变形”。[②]

杨团以天津鹤童老人院为研究个案，对我国非营利组织需要应对的问题进行了探讨。[③] 田凯通过对中国某慈善协会生成机制和运作逻辑的分析，认为中国慈善组织的集中出现以及组织形式与运作的明显不一致，是非协调的制度环境对组织行动实施约束的结果，是组织面对制度环境的压力采用的理性的生存策略。政府的资源获得需求与社会控制需求之间的持久张力，是慈善组织的形式与运作脱离的制度根源。[④]

唐斌通过对中国内地首家禁毒非营利组织——上海市S社会工作机构运作机制的研究，来系统阐述政府是如何通过推动S机构的组建及运作来追求和实现其部门利益的，以及S机构在运作过程中与政府及其职能部门之间形成了怎样的互动关系，并探讨政府部门利益的诉求、S机构与各级政府及其职能部门之间的利益冲突，以及政府制度建构的缺失、不稳定和制度间的不相适应等对S机构实际运作所产生的深刻影响，进而指出目前S机构在实际运作过程中之所以会出现上述性质变异、目标置换等现象，并非其

① “第三部门”的概念在我国逐渐广为人知，并在学术界逐步引起重视，是与这套丛书的推出有一定的关系的。

② 沈原.市场、阶段与社会[M].北京：社会科学文献出版社，2007：301-324.

③ 杨团.从鹤童研究认识中国非营利机构[M]//中国青少年基金会.处于十字路口的中国社团.天津：天津人民出版社，2001：283-304.

④ 田凯.非协调约束与组织运作：中国慈善组织与政府关系的个案研究[M].北京：商务印书馆，2004.

自主选择的结果，而很大程度上是一个外在的、强大的政府力量作用使然。[①] 任慧颖以中国青少年发展基金会作为研究的个案，分析非营利组织的社会行动来揭示中国第三领域的当代建构。非营利组织通过与政府的互动形成第三领域的权威关系，与社会公众的互动形成第三领域的信任关系，与企业的互动形成第三领域的市场关系，进而建构着中国的第三领域。同时指出，第三领域中的权威关系、信任关系和市场关系的形成过程中存在着内在的逻辑联系，前一种社会关系的形成为后一种社会关系的形成提供了必要的前提，呈现出相互之间的递进关系。同时，后一种社会关系的形成又为前面社会关系的进一步完善创造了条件，三者相互促进、共同发展。[②] 范明林基于法团主义和市民社会的视角，通过对四个不同类型的非政府组织与政府的互动关系个案进行比较研究，试图建构出一个初步的类型学。[③]

（四）关于国内非营利组织研究的评价

通过前面的文献梳理可以看出，我国的非营利组织研究已取得了不小的成绩，但和近年来我国非营利组织迅速发展的现实相比，非营利组织研究总体上还是处在起步阶段，存在着以下几方面的问题：

第一，缺乏系统性研究。对于我国非营利组织的现状，不同研究者的研究角度不同，往往也会得出不同的结论。比如关于我国非营利组织在发展过程中，所反映出的国家与社会的关系，有的学者就认为，“这是我国市民社会萌芽的表现”“我国已处于市民社会反抗国家的阶段”“我国社会应属法团主义模式”等。虽然我们可以说这与我国非营利组织的内部差异较大、发展进路多样等发展现状有关，但也从另一个侧面说明目前我国学者们的研究

① 唐斌.禁毒非营利组织及其运作机制研究[D].上海：上海大学，2006.

② 任慧颖.非营利组织的社会行动与第三领域的建构[D].上海：上海大学，2005.

③ 范明林.非政府组织与政府的互动关系：基于法团主义和市民社会视角的比较个案研究[J].社会学研究，2010(3)：159-176，245.

往往局限于局部观察，缺乏系统性研究。今后非营利组织研究者应更多地对非营利组织进行整体性观察和分析，全面系统性地把握非营利组织的资源获取生存、组织结构、组织特性、与其他部门的关系等方面。

第二，本土化分析偏少。目前我国大多数关于非营利组织的研究还是将非营利组织的发展看成是市民社会发育的标志，仍然是在“国家—社会”二元对立假设的基础上探讨非营利组织的发展对我国社会现实的影响，以及非营利组织在我国这样的现实中所呈现出来的发展特征。市民社会的视角虽然可以为研究我国的非营利组织提供一些启示和方法，但它毕竟是来源于西方的社会文化制度。用这些启示对我国社会现实进行解释是否有效是我们必须考虑的问题。由于我国非营利组织的成长是在后发外生、政府主导，社会对政府强依赖的文化传统下发展起来的，这就决定了非营利组织在社会层面上很难自发生成，而是需要在政府的帮助下生成和发展，两者之间有着极为复杂的互动关系，非营利组织与政府的关系所呈现出来的特征往往是“合作”而非“对抗”。因此，我们不能简单照搬西方已有的研究成果来分析我国的非营利组织，而是需要更多地从本国的实际情况出发，进而做出更多基于本土化的思考和研究。

第三，理论性研究匮乏，且没有与西方已有理论建立起有机联系。我们经常在我国的非营利组织研究中见到“伙伴关系”“自上而下”“自下而上”“半官半民”“官民结合”“平等协作”等用语。这些用语虽然通俗易懂，在一定程度上也概括出了非营利组织的某些特征，但从学术上来看，却显得不够严格。这些概念在学术界流行甚广，从某种程度上也反映了我国非营利组织的本土研究大多停留在经验层面，还没有上升到理论概化的高度。我们也很难看出这些研究和西方已有理论的联系。此外，我国非营利组织的理论研究也明显滞后于部分地区政府的实践，满足不了时代发展的需要。

第四，急需拓展研究领域。以往的研究更多是将具有较浓官方背景的非营利组织作为研究对象，比如一些行业的协会、商会、工青妇等社会管理类或一些慈善组织、基金会等，而对那些发育于民间的草根组织（一些基于兴趣而成立的组织如种花、养鸟、健身协会等）、自下而上的非营利组织（即没有官方背景的非营利组织）则关注较少。李友梅教授也指出，1990 年代中后期以来，中国社会的社团组织有了较快的发展，通常人们把它们概括为NGO、NPO 和社区民间组织。在以往的相关研究中，人们给予更多关注的是得到体制认可的那部分社团组织，其中有专业性的、学术性的、行业性的、联合性的和基金会的。而实际上，正在运作中的社团组织不只是这些得到体制正式认可的五种社团组织。[①] 虽然都是非营利组织，但草根非营利组织和其他民间自发组成的组织，与这些社会管理类和社会福利类组织在运作机制、组织框架、人事管理、资源获取等方面都存在较大差异。因此学者们必须重视这些组织的存在，有必要对它们进行研究和分析。总之，在目前的研究中，大家关注最多、研究成果最为丰富的还是那些依附于国家并在国家相关机构的辅助下成长起来的一些正式组织，而对在境外资金和机构资助和支持下发育的民间组织，目前则主要由海外一些学者在研究。[②] 对于这两部分研究来讲，大家关注的焦点基本上还是民间组织与国家的关系，而对于民间组织的发育和运行与媒体、其他非营利组织的关系等目前还很少论及。

第五，以往的研究侧重于宏观叙事，基于微观层面的分析较少，也不够深入。自 20 世纪 80 年代以来，从宏观层面探讨国家与社会关系的较多，他们更多倾向于从政府职能转变、社会结构变迁等宏观层面来分析我国非营利组织的兴起、发展和探讨国家与社会的关系，主要表现为一般性、程式化的逻辑思考，而对微观层面关注不多，缺乏对经验事实的考察与分析。这一宏大的叙事传统在 1990 年代末期以前的非营利组织研究中占据着主导地

---

① 李友梅.当前社团组织的作用及其管理体系[J].探索与争鸣，2005(12)：39-41.

② 刘玉照，应可为.社会学中的组织研究在研习和交流中走向规范[J].社会，2007(2)：72-89.

位。近年来,有些学者已经意识到,在这一宏大叙事下已经难以取得大的研究进展,他们正在积极走向较为微观的分析。① 笔者也准备沿用微观分析的方法,试图通过一个典型的自下而上的民间非营利组织来探讨其是如何与其他社会主体互动以获得自己生存与发展资源的。笔者希望能够在非营利组织的微观研究领域做些有益的尝试。

第三节 相关说明

一、研究方法及研究质量的控制

(一)定性研究

社会学研究方法可以分为定性研究和定量研究两种。定性研究是对研究结果的"质"的分析,这种方法并非通过实验的方法来考察被研究对象,也不是通过数字、频率或者强度等数学统计的方式来测量,而是强调实体事物的性质、过程和研究的价值承载,且探寻社会经验是怎样被创造出来并给予主观意义的理解。同时,定性研究也强调现实的社会建构性,重视研究者和被研究者之间的关系,并认为研究的情境会限制这种关系。而定量研究强调的是对变量间的因果关系进行测量和分析,并认为这种研究是需要在价值中立的框架内进行的。

本研究的研究取向是试图研究社会组织是如何与其他社会主体互动(政

① 沈原等认为,运用中层概念来分析中国的社团组织,更能反映当前此类组织的特性,较之"市民社会"一类的宏大叙事更为贴切中国的社会生活现实。他们运用组织研究中的新制度主义的"同形"概念来分析中国的社团发育。

府、媒体、社会公众）来获得生存和发展资源的。这个研究目的对于研究资料的收集有许多特殊的要求：首先，收集的资料要相当全面深入。对于研究对象来说，笔者是个“陌生人”，不可能仅凭一两次的接触就能得到研究对象的信任，就能收集到较高信度和效度的资料。只有通过一段时间的接触，参与到组织活动中去，详细了解这个个案，才有可能在与研究对象长期互动的过程中得到研究对象的信任，从而达到研究目的。其次，笔者需要收集的资料时间跨度很大。本研究不是截取研究对象的某个时间点进行研究，而是对绿眼睛从成立初期、发展中期及现在的发展情况进行全面的研究，只有个案研究方法才有可能对这个过程了解得比较全面。最后，收集的资料内容比较宽泛，研究对象各个方面的情况都需要了解，包括相关人员的访谈材料，都需要笔者去收集。

因此，本研究拟采用定性研究方法。虽然在一定程度上，定性研究方法对理论解释的概括力和普遍性不如定量研究，但它对“社会事实”却洞察深刻，也更全面，即笔者可以通过全方位、多层次资料的收集，运用韦伯所说的“投入式理解”和“同感性解释”来阐述和分析温州绿眼睛环保组织——一个自下而上的民间环保组织，进而研究：这个组织是如何与政府、媒体、社会公众这些社会主体互动来获得生存和发展资源的？组织在与这些主体冲突中使用什么策略来调适自己从而赢得进一步发展？这些策略对组织有什么影响？互动中的主体各自有着怎样的利益诉求？

（二）三种研究目的互相配合

研究者在对各种社会现象或社会问题进行研究时，其具体研究目的各有不同，但是这千差万别的研究目的都可以归结为三类，即探索性研究、描述性研究和解释性研究。探索性研究是一种对所研究的问题进行初步了解，以获得初步的印象和感性认识，同时为今后更周密、更深入的研究提供基础和方向的研究类型。描述性研究通常是要发现总体在某些特征上的分布状况。解释性研究指的是那种探寻现象背后的原因，揭示现象发生或变化的内在规律，回答“为什么”的社会研究类型。[1] 社会研究的这三种目的的划分不是绝对的，而只是相对的；此外，现实生活中的每一项具体社会研究往往表现为以某种研究目的为主，同时还可能包含其他两类目的在内。

探索性研究经常出现在下列两种情况中：一是研究者所研究的问题十分特殊少见，且前人很少研究；二是虽然前人对这个研究问题已经有不少研究，但研究者本人对打算研究的问题不太熟悉和了解，需要进行探索性研究。由此而言，本研究符合探索性研究的情况，关于从资源依赖理论角度研究自下而上社会组织的资源获取的实证研究，少之又少，甚至是空白，本研究更多的是一种在经验层面和理论层面相互结合起来的探索性研究，即通过一个自下而上的社会组织与政府、企业、社会公众和媒体的互动沟通来探索他们之间的合作、冲突和协调关系，并在资源依赖理论的指引下，对这种互动关系进行深入的诠释和分析。所以，本研究主要是以探索性研究为主，并辅助以描述性研究和对研究问题的理论分析和解释。

（三）具体收集资料的方法

定性研究方法需要我们在资料的选取和收集过程中努力辨别各种来源资料的适用性，而不是预先假定只有符合特定程序的资料才是可信和有效的。在定性研究中，研究资料的收集经常要根据我们的研究目的、研究条件和研究设计做出灵活性的调整。但定性研究仍然有一套能为研究目的服务的方法，这些方法的选择既依赖于所研究的问题，又取决于现实的研究情境，同时也要考虑在这种情境中怎样最有效地获得自己所需要的材料。[2] 根据笔者的研究需要，本研究主要是以参与观察、书面文献或档案以及访谈等所谓的“三角交叉检视法”（triangulation）作为收集资料的方法，这种方法鼓励使用不同来源的资料。

---

① 风笑天.社会研究方法[M].5版.北京：中国人民大学出版社，2018：62-65.

② 袁方.社会研究方法教程[M].北京：北京大学出版社，2004：146.

1.参与观察法

进入绿眼睛组织内部去观察，这是笔者的研究能够达到预期效果的一种社会资料的收集方法。在观察中，笔者发现不可能采用自然主义的观察方法，观察是与笔者对绿眼睛组织的参与密切相关的，因此，笔者建构了一种和被观察者互动取向下的协商关系的观察法。采用这样的观察法可能会影响被观察对象，但笔者坚持观察资料的严格标准以最大可能消除潜在的偏见。在具体的观察方式上，笔者采用"焦点观察"方法，即观察是在一定范围和界限的情境内进行的，同时在观察中忽略一些对笔者的研究无足轻重的事物。此外，笔者需要与被观察者形成互动对话的协商关系；强调研究者和被观察对象在互动中对彼此都有期望的一种动态过程；尽量挖掘被研究对象内心的真实想法，但在观察过程中，也不能忽视对伦理维度的把握。在调研过程中，笔者以绿眼睛志愿者身份参与到绿眼睛开展的许多活动中去，比如绿眼睛的爱鸟周、绿眼睛的志愿者动员与管理、绿眼睛的鳌江水环境项目、绿眼睛的环境教育项目等。在此过程中，笔者对他们开展什么样的活动，如何开展活动，创建时候的艰辛，如何与政府、其他的社会组织互动来获取发展资源有了初步了解。

2.文献法

文献的特点在于它的存在形式是物质文本，这样它就可以与其作者、生产者和使用者在时间和空间上相分离。对于本书的个案，笔者比较容易获得研究的文献文本。由于对外宣传的需要，绿眼睛对它的重大活动和实施的主要项目都进行了较为系统的总结，有的还在报刊网络上公开发表。根据研究的需要，笔者收集的文献材料包括：我国现行的《社会团体登记管理条例》、《民办非企业单位登记管理条例》、《基金会管理办法》、绿眼睛组织章程、温州民政局对绿眼睛合法注册的批示过程、绿眼睛创立至今各大媒体对其的报道、绿眼睛已经开展的活动、其他个人或组织对绿眼睛进行的研究等。这些文献从历史的视角提供了材料,加深了笔者对绿眼睛环保组织的了解。文献是一种媒介,通过这种媒介,笔者得以了解绿眼睛是如何获得法律合法性的,以及其是如何开展活动赢得资源支持的,这种文献具有高度的整体性和融入背景的特征。笔者对文本(文献)的遗迹进行梳理,并以一种辩证的方式将其引入研究。

3.深度访谈法

访谈是定性研究的一种存在已久的资料收集方法。访谈的形式有多种,我们可以将"访谈的形式视为是结构的延长线,在线的一端是结构化访谈。另一端是非结构化访谈,在这二极端中间是半结构访谈或焦点访谈"[①]。根据研究需要,笔者主要采取半结构的访谈和非结构化访谈的形式。半结构的访谈与非结构化的访谈也就是我们通常所说的"深度访谈",这种访谈强调的是一种会话和社会互动,其目的在于获取真实的资料和访谈对象的真实态度和感受,通常以日常生活会话的形式进行,不需要结构化访谈的标准化程序和问题的顺序。但这绝不是说就可以进行很随意的闲聊,还是需要我们对会话进行一定的控制(controlled conversation),这种会话主要是根据我们的研究兴趣进行的。在"深度访谈"中,访谈者需要注重与受访者之间的平等性,努力听取信息提供者的各种说法和观点,并重视探索表面现象下所掩盖的真实情况,进而能够理解经验世界的本质。

根据研究的需要,笔者访谈的对象主要涉及25个志愿者(6个小学生、6个中学生、10个大学生及3个其他类型的志愿者)、政府部门的有关负责人(主要是县团委、林业局、环保局、教育局)、组织的专职工作人员、对组织提供资金与技术支持的其他社会组织的负责人、媒体的相关人士。具体的访谈策略是:首先,对绿眼睛创始人方明和进行了深度访谈,访谈采用半结构

① 齐力,林本炫.质性研究方法与资料分析[M].高雄:复文图书出版社,2003:95.

的访谈和非结构化的访谈形式，准备了访谈的提纲，但提纲只是起到提示的作用；其次，对绿眼睛的工作人员及部分志愿者进行了无结构式访谈。每次访谈结束，笔者都及时地撰写备忘录，然后在反复听录音材料和阅读录音记录的基础上对访谈材料进行整理研究。

如何对观察、查阅文献以及访谈得到的资料进行分析也是研究中的一个关键问题。笔者是通过以下几个步骤完成的：

第一步，整理观察笔记，听访谈录音，阅读访谈记录和查阅有关文献。在对这些资料进行分析时，笔者就根据分类与资料之间的关系提出了本书的初步研究设想。

第二步，根据研究设想的需要，选择分析性类别。这一步主要需要写备忘录、选择主题分析的分类策略和叙事分析的连接策略。备忘录是为收集资料而准备的，它不仅能帮助我们捕捉对资料的分析性思考，同时又能促进这种思考与激发灵感。分类策略主要是对我们所收集的资料按照“结构的”、“内容的”和“理论的”方法进行分类。首先，通过结构的分类，把所得的资料进行类似“二进制”的整理，便于进一步分析；其次，对资料进行内容的分类，它主要是描述性的，按照内容与研究需要相吻合的要求，仔细核对资料并归纳起来；最后，根据组织与环境互动关系，将已有资料进行分类，将组织与主体互动中的合作与冲突的材料分开进行分析。

第三步，对于已经分类的资料，寻找它们之间的逻辑关系，以便运用连接策略对资料加以连接。对资料的分析也不是零散没有逻辑的，它需要我们采用各种方法寻找文本中不同因素之间的联系，并且这些联系可以脱离实际情境而对资料进行分类，这样可以把一个情境内的陈述与事件连接到一个统一整体中。①

---

① 威尔.质的研究设计(一种互动的取向)[M].重庆:重庆大学出版社,2007:76.

本书主要通过对绿眼睛发展有重要影响的事件和活动进行分析：一是组织如何获得合法注册；二是组织的志愿者动员和环境教育项目；三是组织与美国太平洋环境组织合作的鳌江水环境项目；四是 2009 年 3 月份广州的护士鲨事件；五是组织骨干成员的成长过程。通过对这些事件的分析来探讨组织与其他主体的互动情况。

（四）研究质量的控制

社会研究中评价研究质量大都以“信度”和“效度”两个指标来衡量。根据风笑天在《社会研究方法》（第 5 版）中给出的界定，所谓测量的效度，也称为测量的有效度或准确度，它是指测量工具或测量手段能够准确测出所要测量的变量的程度，或者说能够准确、真实地度量事物属性的程度。测量的信度是指采用同样的方法对同一对象重复进行测量时，其所得结果相一致的程度。在定量研究中，信度和效度越高，说明研究的误差越小，研究结论越可信。[①] 虽然定性研究反对在定量研究范式意义上使用“信度”和“效度”等概念以及相应的方法来衡量研究质量，但是也有很多学者主张用“真实性”、“一致性”和“准确性”等词语来代替“效度”这个概念来衡量。

本研究赞同定性研究也需要讲究在研究过程中追求“效度”。不过这里所说的效度是指一种“关系”，是指研究各项结果之间的“一致性”程度，反映的是各种研究结果之间的相互印证。

（五）研究的局限性

本研究所选择的个案是草根环保型社会组织，创办人既无资金优势，又无人脉关系，完全是靠发展过程中的社会影响力慢慢发展起来的。笔者如此选择，主要是设想这样的社会组织或许代表了未来中国社会组织的发展方向，以及能够运用资源依赖理论视角观察其生长状态。但本研究也有一

① 风笑天.社会研究方法[M].5 版.北京：中国人民大学出版社，2019：107-108.

定的局限性：

第一，本研究所选择的是温州一个环保型社会组织，这种地域性和环保型社会组织的局限性显然是本研究的一个不足之处。

第二，本研究属于探索性个案研究，这也是定性研究中经常采用的研究方法和收集资料的好方法，但是，因为研究对象仅仅是个案，所以经常会被质疑其研究发现的推论性和代表性问题。换句话来讲，如果从定量研究的角度来看，本研究的发现或者结论不具有推广性。

第三，本研究收集的资料种类庞杂。转录、整理和分析过程是非常烦琐的，在这当中很容易出现疏忽，这势必会影响整个研究的质量。

二、核心概念的界定

（一）社会组织

1.社会组织的定义

社会组织又称民间组织、非营利组织，国外一般称为非政府组织。非营利性是社会组织的第一个基本属性，是区别于企业的根本属性，强调这些组织的存在目的不是获取利润，但存在的目的不是营利并不意味着它们不可以开展经营性活动，组织也可以获取利润，但这种利润不能给对该组织有着控制权的个人，而需要用于组织进一步发展的生产中。在现实社会中，社会组织的收入往往大于支出，换句话说，社会组织是盈利的，只是这种盈利是为了维持组织自身的生存。每个国家社会组织的发展情况都是不一样的，再加上每个学者的研究目的、研究方向不同，所以到目前为止，并没有形成一个统一的定义。比较被人们认可的定义是美国著名的非营利组织研究专家约翰·霍普金斯大学的莱斯特·M.萨拉蒙总结的“结构—运作”定义，该定义认为，凡是符合组织性、民间性、非营利性、自治性和志愿性等五个特性的组织都可被视为非营利组织。[1] 这个界定至今在学术界都比较通用，萨拉蒙本人就曾将该定义运用在其所主持的对全球42个国家非营利组织开展的国际比较研究项目之中。

但萨拉蒙的这个非营利组织的界定在解释我国非营利组织时就遇到了不少问题。原因在于，存在于我国政府机构和企业部门之外的社会组织并不完全符合“结构—运作”定义的规定，要完全借用西方非营利组织的定义来界定我国的非营利组织是不可能的。但在社会生活中，又确实存在一些社会组织，这些社会组织无论是在行为上还是运作机制上都与政府部门和企业不同。为了推动和促进这类组织的发展，我国的学者也将这类组织称为“非营利组织”。总的来说，在国内学术界，学者们对非营利组织的界定还是较为宽泛的，放宽了其所要满足的基本条件，认为只要是不以盈利为目的且具有正规的组织形式，属于非政府体系的，具有一定的自治性、志愿性、公益性或互益性的社会组织，都可以被看作是非营利组织。对于非营利组织的志愿性、自治性、公益性和互益性要求也不一定要全部符合，需要根据实际情况对我国的社会组织进行客观动态的考察。[2] 本书结合中国现实层面的考察，所指的社会组织主要指的是在民政部门登记注册的社会团体、民办非企业单位、基金会和部分中介组织和社区活动团队等组织形态。由于社会组织在国际和国内并不是一个统一的概念，而本书又涉及前人研究情况的梳理总结，因而在行文的表述中经常采用“非营利组织”和“第三部门”等概念。

2.对于非营利组织（社会组织）的分类

学者们对我国社会组织的概念界定、学者的研究角度差异，再加上社会组织自身内部也存在诸多不同，这就使得对我国社会组织的划分因缺乏整体性

---

① 王名，刘国翰，何建宇.中国社团改革：从政府选择到社会选择[M].北京：社会科学文献出版社，2001:12.

② 任慧颖.非营利组织的社会行动与第三领域的建构[D].上海：上海大学，2005.

框架而呈现出五花八门的现象。例如，有些学者根据非营利组织服务对象的范围不同对其进行分类；有些则依据非营利组织是否拥有会员和组织目标性质的不同进行划分；还有学者依据非营利组织与政府的关系密切程度来划分等。

笔者采用康晓光的划分方法，即依据非营利组织的起源方式将非营利组织划分为三大类：由党政机关发起创办的非营利组织，由事业单位、企业、个人发起创办的非营利组织，由海外组织或个人发起创办的非营利组织。依次被称为"自上而下型非营利组织"、"自下而上型非营利组织"和"外部输入型非营利组织"。①

按照本研究对我国非营利组织的划分标准，本书所选取的研究个案——温州绿眼睛环保组织属于自下而上型非营利组织，与自上而下型和外部输入型非营利组织有很多不同之处。

（二）环境

在封闭系统模式下，早期的组织研究主要关注组织的内部规则，以及组织成员的激励，几乎没有考虑外部环境因素对组织运行造成的影响。直到20世纪60年代以后，环境对组织的影响，组织与环境的关系问题才成为组织研究的重点。将组织和环境问题联系起来的观点在学界被称为开放系统模式。在这一模式下，学者们普遍认为环境对组织的影响较大，但对环境应该如何界定、由哪些因素组成环境以及环境如何影响组织等问题的认识，学者们众说纷纭。早期的组织理论将环境界定为组织界限以外的一切事物；环境由原材料、资金、人才、能源等物质性要素组成；在组织与环境的关系上，更多是将环境看成敌人，是压力和问题的来源，并认为组织要生存就必须向这些外在的敌人和压力妥协，②如权变理论和种群生态学。组织与环境

① 康晓光.转型时期的中国社团[M]//中国青少年发展基金会.处于十字路口的中国社团.天津：天津人民出版社，2001：5.

② 王思斌.社会学教程[M].北京：北京大学出版社，2003：27.

的关系是单向的，仅指环境对组织形式和运作影响的过程，很少关注组织的能动性。如塞尔兹尼克在其著名的“田纳西谷地的权威”研究中，就分析了当组织适应环境的努力与目标达成相冲突时，外部环境条件如何施加压力迫使组织的原始目标被破坏与置换的过程。[①]

现代组织理论的观点却认为，对于任何一个组织，不可能所有的环境要素都受到它的影响，组织也是有边界的。因此，一般来说，组织环境仅是指存在于组织的边界之外，对组织的目标达成、生存与发展可能产生影响的因素的总和；[②]环境不仅包括组织生存与发展所必需的原材料、资金等技术性要素，还包括法律规范、文化期待、社会共识等符号性要素，后者构成组织获取合法性与社会支持的制度环境，并且这些社会建构的观念体系和规范制度不仅决定组织目标及实现手段的选择，也制约着组织的构架与运作；针对外界环境的复杂性与不确定性，组织也具有其能动性，它会有意识地采取各种缓冲技术和桥梁战略，保护或调整其与环境的边界，将一些环境因素吸纳到自身的结构中去，以提高技术上的安全性，谋求其合法的制度支持，[③④]如后期的新制度理论和资源依赖学派。

本书中关于组织环境范围的界定，笔者仅研究对组织生存与发展有直接作用的外部因素，主要有政府、媒体、社会公众三类。这三类主体为组织的生存与发展主要提供了资金、场地、合法性支持、人才和技术指导等。

（三）合法性

非营利组织获取资源的关键是组织自身的合法性问题，可以说组织与外在环境发生关联的一个重要方式就是合法性机制。关于合法性的概念，

---

① SELZNICK P.TVA and the grass roots[M].New York：Harper & Row，1949.

② 达夫特.组织理论与设计[M].王风彬，等译.北京：清华大学出版社，2003：5.

③ 斯格特.组织理论：理性、自然和开放系统[M].黄洋，等译.北京：华夏出版社，2002：122-128，195-197.

④ 周雪光.组织社会学十讲[M].北京：社会科学文献出版社，2003：74-75.

许多学者都给出了自己的界定，比较有代表性的观点有以下这几种：

第一，在马克斯·韦伯的理论中，"合法性"中的"法"就是法律和规范。他所谓的合法秩序是由道德、宗教、习惯、惯例和法律等构成的。合法性是指符合某些规则，而法律只是其中一种比较特殊的规则，此外的社会规则还有规章、标准、原则、典范以及价值观等。因此，合法性的基础可以是法律程序，也可以是一定的社会价值或共同体所沿袭的先例。在帕森斯那里，合法性很大程度上被理解为对组织目标的社会评价的适应。他强调了组织的合法性与社会价值系统之间的关系。他指出，如果组织想要获得合法性，并获得对社会资源占有的公认的权利，组织追求的价值必须和更为广泛的社会价值相一致。

第二，梅耶和斯科特对合法性概念的理解则是从制度主义者的角度来界定的。他们认为，组织的合法性是指文化对组织支持的程度。在他们看来，特定组织的合法性既受管理该组织的不同权威的数目的负面影响，也受这些权威关于该组织应该怎样运行的多样性或矛盾性的负面影响。

第三，萨奇曼认为，合法性是在社会建构的规范、价值、信仰和定义体系之内，关于一个实体的行动是合意的、正当的或者适当的一般化的感觉或设想。[①]

在我国，政府力量在社会中的支配地位决定了我们研究社会组织时，必须考虑社会组织得到政府的认可，也就是高丙中教授说的行政合法性和政治合法性，同时社会组织要想获得社会公众的人力、物力和资金等的支持，必须获得社会合法性。在本研究中，笔者将合法性作为社会组织生存和发展的必要资源，是要和其他组织或个人进行互动交换才能得到的。

---

① 田凯.非协调约束与组织运作：中国慈善组织与政府关系的个案研究[M].北京：商务印书馆，2004：56.

三、研究框架

全书共分为七章内容。第一章为导论。该部分首先介绍了笔者选择以温州绿眼睛环境文化中心为研究个案的原因;其次在对国内外非营利组织方面研究进行梳理和总结的基础上,归纳出它们目前所存在的不足;最后对本书研究的类型、资料收集的具体方法进行简要的说明,从而为后文的论述与分析做铺垫。

第二章则在对绿眼睛的组织创建、组织性质、组织宗旨、人员构成、组织活动、资金来源等方面做简要介绍之后,提出本研究的主要问题,进而阐述后文将对这些问题进行分析的视角、维度及具体框架。

第三章为温州绿眼睛创建的宏观背景与现实环境。这部分基于整个社会政治、经济体制改革的大环境,介绍温州绿眼睛创建的宏观背景及环保工作的需求与组织创建的现实原因。

第四章至第六章是本书的核心部分,这几章分别对组织与政府部门、媒体、社会公众在互动过程中的合作、冲突与组织的调适进行分析,探讨组织在互动过程中应采取何种策略来获得自身生存与发展资源。

第七章为本书的"总结与讨论"部分,对前文的分析及已表明的重要观点进行系统的梳理和总结,并从绿眼睛环保组织资源获取的角度对我国非营利组织的未来发展做些前瞻性分析。

第四节　小结

国内已经有许多关于非营利组织的研究成果,这些成果包括对国外的相关研究成果以及理论模式的转述，对国外的相关研究成果介绍的同时结合国内情形进行理论的探讨，也包括一些分析政府与非营利组织关系的经验研究。这些研究对本研究都具有启发意义，尤其是那些从经验层面上收集大量丰富资料，再经过深入的理论思考去架构起理论与经验之间的联结。

已有研究带给本研究的一个重要启示就是，社会组织并不仅仅需要从政府部门那里获取资源，还需要和其他各种主体互动，我们需要从多元的角度来分析社会组织的资源获取。本研究从社会组织的资源获得角度切入，将温州绿眼睛环保组织从 2000 年至今发展历程作为研究的主线，运用资源依赖理论分析：社会组织如何获得资源？如何保持独立性？基于此研究目的，本研究在人文主义方法论的指导下，采用质性研究方法开展研究，研究结论不做统计学意义上的推论。所以，本研究主要以探索性研究为主，并辅助以描述性研究和对研究对象做理论分析和解释。

本研究采用的是定性研究中的个案研究方法，个案研究方法具有深度描述、全面分析、重视研究对象的独特性。采用个案研究方法是由研究目的和研究对象特点决定的，即本研究不是为了分析社会组织的范围、规模、变化规律和影响因素等，而是试图通过对绿眼睛环保组织的发展过程和组织获取资源的行动策略进行深描和探索，从而探讨当前中国社会环境下，社会组织是如何在资源获取过程中保持独立性的。

本研究收集资料的主要方法是文献、档案记录、访谈、直接观察和参与性观察。对于收集而来的资料，笔者根据研究步骤进行了整理和分析。为保证资料整理和分析及其结论的“效度”和“信度”，本研究采用多元的资料源，多方验证，并让资料主要提供者对个案研究资料整理的初稿进行核实，以确保资料的真实性。

第二章　问题的提出及研究思路

第一节 研究个案简介

绿眼睛环保组织[①](以下简称绿眼睛)在我国属于成立比较早的民间青年环保组织，于2000年11月25日建基东海之滨的温州市，总部设在浙江省苍南县。机构创立之初的一个目的是希望通过环境与发展教育，赋权青年，在青少年中播种公民社会的理念，为中国培养未来的草根行动者；另一个目的是开展野生动物保护宣传和救护工作。她的成立缘起于创始人方明和对国内野生动物非法贸易猖獗的愤慨，也因方明和当时还是个高中学生而注定将环保与青少年教育紧密相连。

2000年，绿眼睛创始人方明和(当时为高一学生)只身一人前往广东调查野生动物贸易问题，当他看到一幕幕血淋淋的屠杀场面后，立即回到自己的家乡浙江温州市发起并成立了浙江第一个民间环保非营利组织——绿眼睛，至今已有10多个年头。在创立之初万般艰苦的条件下，方明和放弃了上大学的机会，但也正因如此，他被《南方周末》称为“中国民间环保组织最年轻的‘掌门人’”。如今他以一名青年领袖的身份站上了大学的讲台，为当下的大学生宣讲环保与公民社会等知识。组织取名“绿眼睛”的初衷为“用绿色的眼睛关注身边的环境，用绿色的心灵守护纯净的自然”，后来提炼为“与公众一起，发展社会行动能力，以民间力量制衡不公平、不公正的环境公共事务，实现人类的可持续生存”，作为组织的又一环保宗旨。绿眼睛曾多次获得各项大奖，到目前为止，共获得3次福特环保奖(2001年、2003年、

① 为了保持学术研究的客观性，同时也要尊重研究对象的隐私权，本研究在获得绿眼睛与其他机构同意的情况下，对该组织的名称、创始人方明和、与绿眼睛进行互动的机构和有些机构的工作人员没有进行技术化的处理，但对涉及的其他姓名，如政府官员、志愿者、组织专职工作人员等均用符号代替。

2006年),2003年还获得了我国环保界的大奖——地球奖。

2008年笔者去调研时,绿眼睛当时旗下有三家在民政部门正式注册的法人公益机构:浙江温州市绿眼睛环境文化中心(业务主管部门为温州环保局)和浙江苍南县绿眼睛青少年环境文化中心(业务主管部门为苍南县林业局),都由方明和担任法人代表(是当时中国环保界最年轻的法人代表);福建福鼎市绿眼睛环保志愿者协会(业务主管部门为福鼎市团委),开始也由方明和担任法人代表,后在2013年换届选举后更名为"福鼎市青少年环保志愿者协会",由朱昌藏担任法人代表,成为由福鼎市团委主管的民间公益环保组织。自2000年创办绿眼睛至今,方明和带领广大志愿者们自发开展野生动物保护宣传和救护。早在2003年,方明和就在温州市苍南县建立了浙江省第一个民间野生动物救护站。此后,绿眼睛的公益行动也得到了温州市11个县(市区)林业局的大力支持,成为林业系统政府购买服务的合作单位,并持续有效开展野生动物救护工作。2003年至今,累计救护各类野生动物数量近万只,仅2016年全年展开救护行动462次,其中国家二级重点保护动物超过200只,绿眼睛成为浙江乃至华东地区最活跃的保护机构之一。2012年,绿眼睛原华南项目主任郑元英在绿眼睛的鼓励下在杭州创办艾绿环境发展中心并担任总干事。2013年,绿眼睛原行政主管白洪鲍创办了温州绿色水网中心并担任总干事。绿眼睛从2012年开始,由于人力和财力等限制,组织的很多活动做了调整,方明和于2012年12月21日注册了温州市绿眼睛生态保护中心,组织开始回归到最初成立绿眼睛的初衷——野生动物保护,并于2020年6月注销了浙江温州市绿眼睛环境文化中心和浙江苍南县绿眼睛青少年环境文化中心。

目前被绿眼睛救护的动物主要来自温州全市,从最北的乐清市到最南的苍南县。这些动物有些是受伤后被热心市民捡到后直接联系绿眼睛的,有些是通过政府部门、新闻媒体及公安110指挥中心转移过来的,还有的是执法部门查获后转交来的。绿眼睛的社会影响力越来越大。

绿眼睛因其骨干力量的草根性质而受到国内外媒体的广泛关注，中央电视台、浙江卫视、日本 NHK 电视台、南方周末、中国环境报、浙江日报等几十家媒体对绿眼睛都做过采访和报道，引起了社会的极大关注。2004 年，绿眼睛在浙江省首开先例，与温州广播电台共同主持为期 1 年的环保节目“绿眼睛——青年的榜样”（每周三晚 20:00—20:45，温广经济台），通过空中之声将环保信息传到千家万户。2008 年，绿眼睛组织当时有办公室 6 个（浙江 2 个，福建 1 个，广东 1 个，海南 1 个，辽宁 1 个）、专职工作人员 15 名（温州 6 个，广州 4 个，海南 2 个，福建 1 个，辽宁 1 个）[①]，指导各地 2000 多名青少年和社会志愿者开展环境文化活动，已成为华东地区规模较大的环保非营利组织。早在 2003 年，绿眼睛名称就已获商标注册，这是我国第一个获得注册的民间环保组织名称，每一个绿眼睛分部都是在获得总部授权后积极开展工作的。

一、组织的目标和宗旨

绿眼睛组织的目标是“通过环境与发展教育，赋权青年，在青少年中播种公民社会之理念，为中国培养未来的草根行动者”“与公众一起，发展社会行动能力，以民间力量制衡不公平、不公正的环境公共事务，实现人类的可持续生存”。组织的宗旨由创立之初的“遵守宪法、法律、法规和国家政策，遵守社会道德风尚；开展自然保护，促进公众参与，构建人与自然和谐发展”变为 2012 年的“遵守宪法、法律、法规和国家政策，遵守社会道德风尚；传播生态文明，为构建人与自然的和谐社会而努力”。可以说，组织的宗旨并无

① 方明和自己说他是任何一个办公室的工作人员，因此未把其计入在内，为 15 人。

实质变化。现在的绿眼睛主要从事的活动包括：

(1)自然环境保护；

(2)野生动物救护与栖息地保护；

(3)环境教育宣传；

(4)其他生态保护类项目。

二、主要活动

绿眼睛自2000年诞生以来，在环境教育项目、野生动物贸易项目、野生动物救助项目、护鸟反盗猎项目、水环境保护项目等方面开展了大量工作，在国内外产生了很大的影响。其主要开展的工作有：

(1)奔赴各地校园、社区举办环境教育流动展。

(2)开展国际合作，将先进的国际环境教育模式"Roots & Shoots"项目引入本地，在短短的几年间在全国各地的100多所学校共建立了200多支绿眼睛项目团队，参与学员从小学至大学，另有上百名各界人士组成了各种专业委员会和成年志愿队。

(3)在温州市成立了中国沿海地区首支"野生动物志愿救助队"，配合政府部门打击贩卖、滥杀野生动物的非法行为，抓捕犯罪分子，并救助过上百只受国家重点保护的野生动物，同时还协助政府建立了鸟类自然保护区，使上万只野鸟的生命得到了保障。

(4)在每年的重大环境类节日里，启动主题月活动，发动学生和民众采取行动，从关注生态、关心社区、关爱动物三个方面入手来保卫家乡的自然与人文环境。

(5)发起拯救黑熊行动，通过媒体把"活熊取胆"的残忍行为予以曝光，并成立了"绿眼睛拯救黑熊基金"，引发了全社会对黑熊及动物福利问题的关注。

(6)在各地建立野生动物巡查网络。

(7)拯救近200只无家可归并陷入困境的流浪动物，为它们提供符合国际标准的动物福利待遇，并为之寻找新的主人等。

(8)启动中国北部红树林项目，开展红树林的监护、科研和宣传教育活动。

(9)与温州广播电台共同主持了1年的环保节目《绿眼睛——青年的榜样》(每周三晚20:00—20:45，温广经济台)，通过空中之声将环保信息传进千家万户。

(10)2009年3月，绿眼睛分部华南自然会在广州从一酒楼成功救出了护士鲨，引起了国内外各媒体的持续关注。

(11)绿眼睛于2011年发起了浙江省清源行动，通过关注水环境问题来培育和支持草根环保组织的发展。

(12)2012年，创办人方明和受到美国驻华大使馆的官方邀请赴美考察学习1个月，方明和也成为2012年浙江唯一入选美国国际访问者的公益领域代表。

(13)2013年，绿眼睛开展温商公益回归项目，计划帮助温州社会组织策划组织10个公益活动，公益活动以各社会组织的品牌项目为主，涵盖社会多个领域，同时邀请温商企业选择其中的公益活动进行对接。

(14)2015年，绿眼睛荣膺“全国先进社会组织”。

(15)2018年，绿眼睛出动救助野生动物600余次，每年救助数量呈15%以上增长。

……

三、资金、技术支持

绿眼睛的资金、技术支持单位主要有温州市环保局、温州高校社团网、温州大学城市学院、福特基金会、阿拉善SEE生态协会、苍南县林业局及温州各地方环保局、林业局和团委。

第二节　研究问题提出

随着我国政治经济体制的改革，“自由流动资源”和“自由活动空间”涌现，进而引发了深层次的社会结构变迁。相对于改革前国家对经济和社会资源实行全面垄断的“总体性”社会结构特征而言，40多年的改革所表现出来的基本趋势，就是建立了既有上下纵向结构，又有全社会普遍联系的横向结构的立体式社会结构网络，这一社会结构可以被称为“后总体性”社会结构。[①] 我国社会结构的分化与后总体性社会结构网络的建构可以说是同一过程，从总体性社会结构中分化出了市场领域、私人领域和社会组织，市场领域获得了充分的发展，私人领域也取得了其应有的自主权，社会组织逐步发展起来。

我国的政治体制和社会体制的改革滞后于经济体制的变革，社会组织的发展历史很短暂。虽然社会组织已在我国社会发展历程中发挥了重要作用，但作为一种新生事物，社会组织的发展也呈现出诸多的不完善性，比如在社会发展中有的社会组织因为没有必要的资金支持濒临倒闭；有的社会组织因为组织的财务问题而陷入严重的公信力危机；有些社会组织甚至刚刚起步就陷入分裂的困境……所以，随着社会组织的发展，越来越多社会组织的管理者、工作人员和专家学者不得不思考一个问题：社会组织存在和发展的路在何方？如何在坚持组织的宗旨和使命的前提下，获得组织生存与

① 孙立平，晋军，何江穗，等.动员与参与：第三部门募捐机制个案研究[M].杭州：浙江人民出版社，1999:8-10.

发展的各种资源？因此，笔者深入细致地研究社会组织如何通过与其他社会主体互动来获得生存与发展资源就成为一种历史的必然。

而本书的研究个案也非常具有典型性，温州绿眼睛是个自下而上的非营利组织（社会组织），也就是说，该组织纯粹是依靠民间力量发展起来的，与我们国家其他的社会组织不同，如中国青少年发展基金会、中华慈善总会等，绿眼睛走的不是体制内这条道路，而且其在创立初期主要资金支持来自国外的一些基金会和非营利组织，比如福特基金会、美国太平洋环境组织、GGF（全球绿色资助基金会）等。从 2018 年开始，绿眼睛的资金来源主要来自政府购买服务，而绿眼睛目前的资金来源于当地林业局购买他们提供的野生动物保护这块的服务。当前国内学者对这样的社会组织研究较少。本书尝试研究：这种类型的社会组织是如何获得资源发展起来的？它在资源获取中又是如何保持组织独立性的？综上，本书所关注的问题具体包括以下几方面：

（1）我国这些自下而上的社会组织是如何与政府、媒体、社会公众互动，从而获得生存与发展资源的？他们与这些主体交换着什么样的资源？

（2）社会组织在与这些主体互动时，必然会有些冲突，那是些什么样的冲突？社会组织在与这些社会主体互动时采取了什么样的互动策略来为组织增加筹码，以获得更多的资源？

（3）当外在的要求与组织内在目标不一致时，社会组织如何处理组织的生存与组织宗旨之间的关系？从资源依赖的角度看，组织在与其他主体互动中是如何保持自主性与独立性的？

第三节　研究意义

本书试图从组织与环境互动关系的角度研究社会组织，将绿眼睛作为一个个案，研究其作为一个自下而上的民间志愿者环保组织，在其生存与发展过程中，与政府、媒体、其他非营利组织和人士、社会公众（志愿者、社会热心人士、与组织利益冲突的社会公众）的互动关系。这些主体作为绿眼睛组织的外部环境，绿眼睛在与这些主体互动中，既有合作也有冲突，此时，组织应采取什么样的策略来应对环境对其的制约，以获得进一步发展？这些策略对组织的性质和目标实现有什么影响？基于此，本书的研究具有重要的理论和现实意义。

一、理论意义

第一，通过研究社会组织的社会互动关系，可以为我国社会组织的研究提供一个可用的新视角。本书对我国社会组织与其环境互动关系的研究，是从一个组织必要的生存与发展资源的角度出发，试图揭示社会组织如何通过自身的行动策略把各方面的资源调动起来。以往对我国非营利组织的社会学研究，多是对非营利组织的兴起和政府与非营利组织的关系问题进行讨论，非营利组织的社会学理论解释几乎都是用市民社会、法团主义的分析框架。多数学者将非营利组织的发展视为我国市民社会兴起的标志，进而探讨非营利组织的发展对我国已有社会结构的影响。市民社会的视角虽然可以为我国的非营利组织研究提供一些启示和方法，但它毕竟来源于西方文化背景，我们应该警觉其对我国社会现实进行解释的效力。而且，作为一种存在于社会生活中的社会组织，非营利组织不仅要与政府进行互动，也要与社会公众、媒体、其他的非营利组织发生互动，进行资源交换。因此，对我国非营利组织的研究不应该仅仅局限于“国家—社会”这一传统分析框架，还要有新的研究角度。此外，以往的理论研究对我国非营利组织与社会公众、媒体、其他的非营利组织的关系讨论显得非常单薄，没有一个统一的理论认识和解释框架，笔者则尝试着对某一社会组织与社会公众、媒体、其他的社会组织的互动关系给予研究讨论。笔者通过研究社会组织与其他社会主体的互动，既揭示了社会组织与政府之间所形成的社会关系，又揭示了社会组织与社会公众、媒体、其他的社会组织之间所形成的社会关系，把对社会组织与其他社会行动主体的互动研究整合到一个理论框架中来，对社会组织研究提供了一个新的视角。

第二，笔者对社会组织与外部环境的互动关系研究，是对组织社会学中的资源依赖理论本土化应用的一个尝试。组织社会学的一个重要课题就是探讨组织与外部环境的互动关系，笔者的研究就是对这个理论课题的实际探讨，具体分析在我国社会环境下作为社会行动主体的社会组织是如何与其他社会主体互动的。

第三，拓展资源依赖理论的应用领域。通过文献综述发现，资源依赖理论多用来分析企业的运作情况，鲜有分析社会组织的。本研究尝试用该理论分析社会组织如何与外部环境互动获得生存与发展的资源，并保持组织的独立性，可以看作资源依赖理论在社会组织研究领域的一个拓展。

二、现实意义

我国的社会转型起始于经济体制改革，随之而来的便是政治体制改革，这两方面的体制改革带来了“自由流动资源”和“自由活动空间”，进而引发了深层次的社会结构变革。我国的社会结构正处于从分化到整合的过程之中，旧的社会结构模式正在逐步地分化瓦解，而新的社会结构模式还未形成，正处于建构和完善阶段。[①] 在这一结构分化过程中，有许多重要的力量

---

① 孙立平，晋军，何江穗，等.动员与参与：第三部门募捐机制个案研究[M].杭州：浙江人民出版社，1999：8-10.

参与其中，社会组织是其中一支非常重要的力量。但是，现实的情况却是，我国的社会组织发育极不成熟，存在各种各样的问题。有的社会组织因为没有必要的资金支持濒临倒闭；有的社会组织因为组织的财务问题而陷入严重的公信力危机；有些社会组织甚至刚刚起步就面临分裂的困境……所以，越来越多的社会组织的管理者和工作人员不得不思考一个问题：自己组织存在和发展的路在何方？如何在坚持组织的宗旨与使命的前提下，获得组织生存与发展的各种资源？因此，笔者深入细致地研究社会组织如何通过与其他社会主体互动来获得生存与发展资源，对于我国社会组织的进一步发展具有重要的现实意义。

此外，中国共产党的第十七次全国代表大会提出了“深入贯彻落实科学发展观”的要求，其核心就是坚持以人为本，促进人的全面发展，做到发展为了人民、发展依靠人民、发展成果由人民共享。[①] 党的十九届五中全会强调“扎实推动共同富裕”，通过慈善捐赠等方式进行第三次分配，促进共同富裕。而社会组织由于其自身的一些特点，在获取信息、公民参与、满足多样化需求和灵活性等方面具有优势而成为实现这个要求的重要组织形式。党的十八大更是提出要引导社会组织健康有序发展，充分发挥群众参与社会管理的基础作用。党的十九大再次提出要发挥社会组织作用，实现政府治理和社会调节、居民自治良性互动。党和政府越来越重视社会组织（非营利组织）的作用，那么我们研究社会组织与外部环境的互动关系对我国的社会发展就具有重要的现实意义。

① 人民网.全面把握科学发展观的科学内涵和精神实质.[EB/OL].(2021-06-05)[2013-10-28].politics.people.com.cn/n/2013/1028/c1001-23342717.html.

第四节 研究思路

一、理论框架：资源依赖理论

组织作为一个开放的系统，需要与外部环境进行各种物质和信息的交换，这种交换关系对组织的存在和发展意义深远，因此，组织与环境的关系问题引起了不同领域学者的关注。20 世纪 60 年代以来，组织和环境之间的关系就成为组织理论的核心议题。管理学、经济学和社会学等领域学者都从自己的学科背景和视角出发，对两者的关系做出了不同的诠释，形成了多个既竞争又互补的理论学派。资源依赖理论就是这一研究范式下的经典理论，该学派将资源交换看作联系组织和环境的核心纽带。资源依赖理论兴起于 20 世纪 40 年代末，最早可以溯源到美国学者塞尔兹尼克对田纳西河流域的研究，在该研究中，塞尔兹尼克开始从组织之间权力的相对平衡来分析组织间的关系。资源依赖理论的集大成者是杰弗里·普费弗（Jeffrey Pfeffer）与萨兰奇克（Gerald Salancik），他们在 1978 年出版的经典著作《组织的外部控制》中提出了资源依赖理论的研究假设。这些基本假设是：没有组织是自给自足的，获取和维持资源是组织生存和发展的关键，组织为了获取所需要的资源，就必须与环境中的其他要素进行资源交换。组织与环境交换，获得组织生存和发展的关键性资源（稀缺资源），没有这样的资源组织就无法生存，这样，对资源的需求构成了组织对外部的依赖。资源的稀缺性和重要性决定了组织对环境的依赖程度,进而使得权力成为显像。[①]

在资源依赖理论那里,权力是它的一个核心词汇,组织的成功在于使自己的权力最大化,即降低自身对外部其他组织(环境)的依赖和增加其他组织对本组织的依赖。组织权力的来源基于资源的取得情形,因此组织必须和外部环境互动、交换或获取资源,以扩增组织的权力。组织行为的限制来自不对称性的相互依赖,组织对外部环境的依赖性越强,就越容易受到更多的影响;反之,外部环境越重要,就越能决定组织的机能和生存。

资源依赖理论除了关注环境对组织的影响外,也强调组织应对环境的策略性行为方式,其充分给予组织以能动性,揭示中心组织与其他组织(环境)的依赖关系。这种依赖可以是相互的,正如一个组织依赖于另一个组织,也可以两个组织相互依赖。当两个组织之间的依赖是非平衡的依赖关系时,权力也变得不对等。中心组织可以采用各种策略来改变自己、选择环境和适应环境。资源依赖理论为我们分析温州绿眼睛文化中心在生存与发展过程中的资源依赖和利用策略提供了理论工具。资源依赖学派所说的组织环境并不只是一个客观、实际存在的东西,而是组织及其管理者通过自己的选择、理解、参与、设定产生出来的,是组织和环境交互作用的一系列过程的结果。在组织与环境二者的关系上,组织也获得了充分的主动性。[②]

资源依赖理论产生之初主要用来分析企业的运作情况,慢慢有学者开始用该理论研究政府部门与非营利组织之间的关系。国外学者较早运用资源依赖理论来分析政府与非营利组织之间的关系。有研究发现,政府和非营利组织各自所掌握的资源是有差别的,因此两者之间的互动更多表现为相互依赖,而非简单的顺从关系。也有学者在研究政府部门与非营利组织

① 马迎贤.组织间关系:资源依赖视角的研究综述[J].管理评论,2005(2):55-62,64.

② PFEFFER J, SALANCIK G R. The external control of organizations: a resource dependence perspective. NewYork:Harper & Row,1978.

之间的相互依赖关系的基础上，对政府与非营利组织的合作进行了深入研究。珍妮弗·M.布林克霍夫研究认为，政府与非营利组织的目标一致性使他们产生了合作的意愿。①

国内也有学者从资源依赖理论的角度分析非营利组织与外部环境的互动关系。汪锦军基于资源依赖理论分析框架，对民间组织与浙江政府的互动进行了分析，认为政府与民间组织的依赖关系在当前看来仍是不对称的，政府要增加在公共服务方面与民间组织的协作和互动，以构建两者之间良好的合作关系。②

张霖基于资源依赖理论分析了民间组织的发展现状。他认为，很多国内的民间组织还都处于初期阶段，表现为：组织主动获取资源的能力弱，对外部环境和资源具有很强的依赖性。在这种状况下，外部环境对组织的运作会造成干预或控制，使组织具有较低的独立性，因此会对组织的长期发展造成很大的不利影响。他认为，由于政府具有雄厚的资源，而社会组织对这种资源有较强依赖，因此，在一定时间内政府会对社会工作机构发展产生较强的控制，但这种状况会随着组织的发展壮大而改变。③

笔者发现，虽然研究非营利组织的论文、著作十分丰富，涉及多学科、多角度观点，但对非营利组织其与外部环境的关系研究相对贫乏，甚至仅限于研究其与政府的关系；资源依赖理论非常适合分析组织与外部环境互动并进行资源交换的研究。所以本书尝试用资源依赖理论分析社会组织是如何与外部环境（不仅仅是政府部门）互动获得生存与发展的资源并力求保持独立性的。

---

① 多宏宇.基于资源依赖视角的民间组织行动策略研究：以北京协作者社会工作发展中心为例[M].北京：经济管理出版社，2018：10.

② 汪锦军.浙江政府与民间组织的互动机制：资源依赖理论的分析[J].浙江社会科学，2008(9)：31.

③ 张霖."资源依赖理论"视角分析社会工作机构发展现状[J].华章，2012(18)：14-15.

二、分析视角：资源依赖理论视角下的组织与环境之间的互动

20 世纪 60 年代以后，组织研究领域关注组织与环境的复杂互动关系，形成了众多理论流派，对组织研究产生重大影响的有：种群生态理论、新制度主义理论和资源依赖理论。这三大理论的立足点和视角各异，但都从组织与环境的互动关系出发，探寻组织生存与变迁的原因。如种群生态学从环境角度出发，强调环境的选择，致力于探讨组织种群的创造、成长及消亡的过程及其与环境转变的关系，将哪些组织得以建立，哪些组织得以生存归因于环境选择，是优胜劣汰、适者生存的结果。在种群生态理论里，组织是被动适应环境的。资源依赖理论则从组织出发，既强调组织对环境的适应，也重视组织的主动性。在该理论中，组织是环境关系中的一个积极参与者，组织积极适应环境采取各种策略赢得互动中的主动权。

资源依赖理论在分析组织的行为时是从内外部两个角度来探讨的。从组织的内部角度来看，关注组织的效率即组织使用的资源和产出的比例，主要涉及组织如何利用资源的问题；从组织的外部角度来看，关注组织所做事情的有用性，也就是组织的效力问题，作为评价组织的行为满足其他外在环境需要的程度，这里涉及的主要是组织如何获取资源，而不是如何利用资源的问题。资源依赖理论认为，组织不能仅仅靠自身调整和完善获取生存和发展的资源，需要时时留意外在的环境变化并管理好外部环境对组织效率提高的重要作用。

因此，本书借鉴资源依赖理论从外部分析温州绿眼睛环保组织的行为，研究其作为一个自下而上的非营利组织，在我国后总体性社会现实下，是如何获得生存资源、如何处理外在环境要求与组织目标不一致的情况，以及组

织与其他社会主体的依赖关系是否对等。

（一）组织与环境的合作：资源供给

组织需要资源才能生存发展。一般来说，组织必须与控制资源的组织交往才能获得资源。20 世纪 70 年代以后出现的资源依赖理论[①]对组织研究产生了意义深远的影响。该理论突出了组织与环境之间的复杂互动关系，并试图从这种互动关系入手来探寻组织生存与变迁的动力。很多组织对环境的依赖性要高于对组织自身的依赖，但是组织外在的环境是容易变化的，一旦组织所依赖的外在环境发生了变化，组织就面临着要么解体，要么重新适应新环境两种情况。资源依赖理论从组织出发，既强调组织对环境的适应，也重视组织的主动性，组织为了生存和发展，积极对组织依赖的外在环境进行管理，从而最大可能地去获取组织生存和发展所需要的稀缺资源。在该理论中，组织是环境关系中的一个积极参与者，组织积极适应环境采取各种策略赢得互动中的主动权。

因此，本书将借鉴组织理论中的资源依赖理论来分析绿眼睛如何与外部环境中的其他社会主体合作以获得自己生存与发展资源，该组织又为其他主体提供了什么资源，以及组织又是如何应对变化了的社会环境的。

（二）组织与环境的冲突：环境对组织的约束

不同组织之间在相互依赖的基础上也会产生冲突，组织与外在环境的互动并不总是和谐的，他们各自有着不同的利益需求，就容易导致在互动中有许多摩擦，而这些摩擦和冲突则阻碍了组织的生存与发展，是组织必须克服的障碍，从而获得进一步发展。而且组织也面临着包含相互冲突要求的环境，组织顺从某个外在环境的要求，可能限制组织适应其他外部群体所提

① 较早提出资源依赖理论的有汤普森（Thompson，1967）和扎尔德、沃姆斯利（Zald，1970；Wamsley and Zald，1973）。杰弗里·普费弗和萨兰奇克（Pfeffer and Salancik，1978）则综合早期的研究，从而使资源依赖理论成为组织研究中一个引人注目的视角。

出的要求。在此情况下，组织又需要采取什么样的行动策略来应对是我们关注的另一个问题。

（三）组织的调适：组织应对环境的策略

组织需要不断接收环境为其提供的资源，在接收的同时又要向环境输出自己拥有的资源。只有通过这种持续不断的投入和输出，组织才能生存与发展。外部环境对组织的控制使得组织很被动，但组织还是积极利用自身的优势和资源来应对环境对其的压力，采取策略为组织创造更好的外部环境。这样的策略对组织的自主性与目标有怎样的影响也是值得我们关注的问题。

第五节　小结

国内关于社会组织研究的成果已经十分丰富，涉及多学科、多角度观点，很多学者探讨社会组织与政府部门的关系，而对社会组织与其他外部环境的互动关系关注较少，本书的研究对象——绿眼睛环保组织是一个自下而上的民间非营利组织，由于组织的非营利性，绿眼睛环保组织在创立和发展过程中必须与其他主体互动获取生存和发展的资源，在获得其他组织资源支持的同时，保持独立性是组织必须面临的一个问题。

资源依赖理论提供的概念分析工具直接可以成为本研究可操作性的分析工具，因此本书将借鉴组织理论中的资源依赖理论，从组织与环境互动关系的角度来研究：社会组织如何与外部环境中的其他社会主体互动，从其他社会主体那里获得自己生存与发展的资源？该组织又为其他主体提供了什么资源？组织又如何应对变化了的社会环境？从中把握社会组织的生存和发展之路的实态。

第三章　绿眼睛创建的宏观背景与现实环境

本章主要探讨绿眼睛创建的国际、国内背景和现实环境，并指出我国近几十年来的社会转型和政府机构改革既为绿眼睛这样的环保组织提供了机遇和发展空间，也对绿眼睛的进一步发展形成了一定的制度与资源约束。此外，作为一个高中生创办的如此大规模的环保社会组织出现在温州而不是出现在其他城市或地区，也与温州人的性格和温州的环保工作需要有关。从总体上来看，温州绿眼睛的创建与新时期我国经济社会可持续发展所遇到的挑战、政府机构改革和温州人吃苦耐劳的精神是分不开的，其创建和早期发展过程也体现出苍南县团委、林业局对该组织的支持和扶植。

第一节　需求与空间：绿眼睛创建的宏观背景

绿眼睛作为一个环保类型的组织，其创建与整个全球化的国际背景以及我国经济、政治的社会背景密切相关：首先，20 世纪 80 年代起开始了所谓的“社团革命”，非营利组织在全球范围内兴起和蓬勃发展。在这一大的全球化背景下，我国非营利组织也开始发展壮大；其次，随着我国政治、经济体制改革，政府多次进行机构改革，中国共产党的执政理念也经历了从“社会管理”到“社会治理”的变化，努力实现“小政府，大社会”“强政府，强社会”。我国社会治理主体多元化的特征，为社会组织提供了发展机遇与活动平台，社会急需社会组织发展壮大来填补政府职能转移后的空白；再次，随着所有制结构和经济利益主体出现多元化，自由流动资源和自由活动空间开始大量出现，社会组织有可能脱离政府而相对独立地生存和发展；最后，利益主体多元化和国际交流合作日趋频繁，也大大增加了对社会组织的需求。当然，这些宏观背景虽为社会组织的生存和发展提供了机遇和空间，但同时也对社会组织的进一步发展产生了一定的制度与资源约束。

一、国际背景：全球社团革命

从传统的观点来看，企业和政府这两个组织是解决发展问题的有效工具，但现代社会的实践却表明这两套工具都具有局限性。企业的运作主要是通过市场体制完成的，市场体制虽在利用供求关系和价格机制调节社会经济活动和配置资源方面有效，但市场中存在不完全竞争、社会不公平和难以提供公共产品等缺陷。政府部门虽处于垄断性地位，可以通过制定法律维持市场秩序和稳定的经济环境，可以合理利用资源和保护生态环境等，在很大程度上可以弥补市场机制的缺陷，限制其消极方面的影响，但政府组织也不可避免地会出现"政府失灵"现象，比如我国政府在进行资源动员和社会治理能力上的失灵，以及政府因科层官僚化导致的腐败、低效率等问题。社会组织正是针对这两大体制的缺陷而进行的制度与组织的创新。此外，全球环境危机也是推动社会组织在全球发展的重要原因。随着可持续发展思想的深入，环境危机越来越受到重视。环境危机日益明显，而政府在这个问题上的表现却让公民感到失望与不满，他们渴望自己组织起来，自主解决问题。非营利组织研究专家萨拉蒙在实证研究的基础上，惊呼一场全球性的"社团革命"正在悄悄兴起。自1980年代以来，社会组织的兴起与发展是全球化背景的重要组成部分。我国社会组织就是在这样的国际大背景下兴起和发展的。

二、经济体制改革所释放的资源与空间

我国改革前后的社会结构特点及其变迁是社会组织兴起与发展的前提条件，在改革开放以前，国家对重要社会资源进行垄断：通过在社会生活领

域统销统购生活资料和生产资料，在劳动就业方面实行统一分配和安排的城市就业制度，实行以城乡分割为基础的户籍管理制度以及农村的人民公社制度和城市的单位制度等。最终国家获得了垄断和控制着社会中绝大部分稀缺资源和结构性活动空间的权力，并且国家的权力通过这些制度安排渗透到社会生活的方方面面，一个社会成员想获得最基本的生存条件，都必须从国家的再分配体制中获得相应的资源。因此有学者将我国改革开放之前的社会称为总体性社会。[①] 在“总体性社会”中，过去的“国家—民间统治阶级—民众”的三层结构转变为“国家—民众”的二层结构。在这一结构下，中间层的位置不复存在，国家开始直接面对民众，在一定程度上剥夺和抑制了社会自治和自组织能力；社会对政府高度依赖，丧失了独立自主和自治的能力。此时，因自由流动资源和自由活动空间的稀缺，真正意义上的非营利组织根本无法生存，即使存在也不具有合法性，即使有所谓的社会组织，也不是名副其实的，这些社会组织名义上为社会的代表，实质上却是官方的组织，也就是所谓的“一个部门，两块牌子”。社会和公民缺乏自主参与的意识和能力，习惯了以政府动员的方式来参与公共生活。

自1978年的十一届三中全会以来，我国政府开始积极探索经济体制的改革，最终建立了市场经济体制。在这一背景下，我国社会发生了剧烈的变迁和转型，很大程度上改变了在传统计划经济时代国家对资源实行高度集中配置制度的局面，进而削弱国家对资源和社会活动空间的控制，原有体制内基本不存在的“自由流动资源”和“自由活动空间”不断地被释放出来，这两个“自由”的形成，也就成为后来的国家与社会关系演变的直接的动因。[②] 此外，我国以市场为导向的经济体制改革在推动非公有制经济迅猛发展的

---

① 郭于华，杨宜音，应星.事业共同体：第三部门激励机制个案探索[M].北京：浙江人民出版社，1999：17-19.

② 孙立平，晋军，等.动员与参与：第三部门募捐机制个案研究[M].杭州：浙江人民出版社，1999：8-9.

同时，也使相对自主的社会得以发育成长。城市原有的经济结构发生变化，并开始出现多元化的经济利益主体，传统单位制的作用逐渐减弱，国家与社会的关系需要重新建构。在市场经济体制确立和社会多元化利益主体出现的进程中，一方面公民的参与热情和意识增强，社会出现了自我管理和自我服务的需求；另一方面，政府需要将社会中分散的利益主体联系起来，对各方面的关系进行协调，这就需要一种新的社会组织来承担，从而降低政府治理社会的成本。以上所有的这些条件，是我国社会组织发育和兴起的前提，也为其提供了良好的发展机遇。

三、政府体制改革所产生的需求

新中国成立后的30多年里，政府在建设自己的主流意识形态、计划经济体制以及包括单位福利制、户籍制、身份制、“街——居制”在内的社会管理体制的同时，有组织地将社会纳入到了自己的怀抱，在某种意义上说，社会也因此嵌入到国家的各个领域。[①] 通过一系列措施，整个社会都处在国家的监管之下，社会自由流动资源和自由活动空间极其匮乏。

但从党的十一届三中全会召开以后，我国经济领域的改革开始逐步推进与深化，市场支配作用逐渐增强，出现了多元化的利益主体和需求，传统的那种政府对市场和社会直接管理的方式已不能满足社会的需要，政府机构急需改革和职能转变。1990年以来，为更好地配合经济建设这项中心任务，我国政府先后进行了五次（1993年、1998年、2003年、2008年、2013年）改革，实现了两次转型。同时，十八届三中全会鲜明地提出了在社会体制改革上也要加大力度，正式提出了“创新社会治理体制”，自此，我国治理主体

---

① 李友梅.民间组织与社会发育[J].探索与争鸣，2006(4)：32-36.

呈现出多元化特征，体现为党领导下的以政府为主导，企事业单位、人民团体、群团组织、社会组织、城乡社区居民组织、社会公众共同参与的共建共治共享的社会治理新格局。政府机构改革的重点是转变政府职能，进行权力下放，实现政企分开、政事分开和政社分开，政府的两次转型是要建立起与市场经济发展相适应的经济管理体制和公共治理体制，这种转型在一定程度上对我国政府、市场和社会三者的关系进行了调适与建构。尤其是在社会领域，随着政府职能的转变，一方面，政府开始将原来由其承担的一些社会治理和服务转给一些社会组织来承担，这样政府能够从一些具体琐碎的事务中解脱出来，把更多的精力用在治理其他重大社会事务上，有利于节约政府的社会治理成本；另一方面，这一转变也促进了社会组织的发育和成长，让政府可以利用社会组织的运作进一步细化职能，提高政府进行社会管理和服务的质量，促进政府的良性运行。从这个角度来看，政府机构的改革和职能转变和我国社会组织的发育成长具有同步性，二者之间相辅相成：政府机构的深化改革和政府职能的切实转变释放了大量的自由活动空间和自由流动资源，提供了社会组织的发展所需要的条件，社会组织也是政府机构改革的必然产物；同时政府机构改革的深入和真正转变政府职能也有赖于社会组织的发展，履行其放手的社会治理和社会服务职能。

四、社会对社会组织的需求

从党的十一届三中全会以来，我国社会发生了全面而深刻的变化，市场经济体制的确立和政府机构的改革为社会组织的发展创造了条件。“在这种情况下，伴随社会转型，中国社会的各个层面和各个领域中，都涌现出越来越多的公共空间，有越来越多的资源汇聚其中，有越来越多的公民参与其中，有越来越多的媒体聚焦其中，更有越来越多的具有公民意识、公益精神、公共责任的先进人物活跃其中，使这样的公共空间不断拓展、不断增大，生长出越来越多的各种形式的社会组织。”[①]

首先，社会正从原先的政治化、行政化和一体化逐步向开放化、市场化和多元化转变，并且随着非公有制经济的出现和发展，原先国有企业所实行的“单位制”开始松动，其功能也逐渐弱化，人们对单位的依赖程度明显降低，社会上出现了大量的多元化利益主体，相对独立的经济力量得以形成。此外，知识分子的自主性也得到了增强。随着社会力量的发育和成长，组织化的需求已经出现，且在两个方面表现突出：在经济活动领域，一些民间的商会或行业协会成立并开始发挥积极作用，满足了分散的多元化利益主体维护自身利益，实现自我服务和自我管理的需要；在文化和科技领域，一些民间的非营利组织也在积极地开展活动。

其次，我国自改革开放以来，随着市场经济体制的确定，经济发展势头迅猛，人民生活水平稳步提高。但在这一过程中也出现了诸多社会问题，比如日益严重的贫富分化、持续增加的弱势群体、逐步恶化的生态环境等。现代社会的发展实践表明，尽管市场组织和政府组织在解决社会发展问题上是非常有效和不可缺少的基本工具，但它们在提供公共物品和维护社会公平等方面都或多或少地存在着“失灵”现象。而社会组织由于其自身的一些特点和优势，如低成本、高效率、利润的“非分配约束”等，可以弥补市场和政府在提供公共物品和维护社会公平等方面存在的不足，发挥政府和市场所不可替代的作用。因此，随着我国经济、政治和社会体制改革进程的推进，社会组织在社会生活中发挥着越来越重要的作用，社会对其独特的作用和影响也广泛认可。

再次，随着国际社会的交流和合作的日趋频繁，我国也需要与国际接

① 刘求实，王名.改革开放以来中国社会组织的发展及其社会基础[J].学会，2010(10)：11.

轨，迫切需要培育和发展社会组织，特别是培育和发展那些能在政府和市场、政府和社会之间进行有效沟通的社会组织。

五、法制环境及其对社会组织的制约

我国1982年宪法第35条规定："中华人民共和国公民有言论、出版、集会、结社、游行、示威的自由。"宪法为公民的自由结社提供了合法性基础，在法律上保证了在我国可以成立各种社会团体。但宪法只是宏观上的规定，具体的社会团体成立和运行有相关的社会团体管理法规来规定，以保证国家对社团成立和运作方面的监督和管理。宪法实施三十多年来，我国社会组织发展的法制环境逐步完善，我国政府正在探索一条对社会组织进行分类控制与管理的法治化道路。国务院在1988年和1989年，就先后颁布了《基金会管理办法》和《外国商会管理暂行规定》，为保障公民的结社自由，维护社会团体的合法权益，加强对社会团体的登记管理，促进社会主义物质文明、精神文明建设，1998年10月，国务院在对1989年的《社会团体登记条例》做了大幅度修订的基础上颁布了新的《社会团体登记管理条例》，同时为规范民办非企业单位的登记管理，保障民办非企业单位的合法权益，促进社会主义物质文明和精神文明建设，国务院出台了《民办非企业单位登记管理暂行条例》。1999年8月，我国第一部有关非营利组织的专门法案《公益事业捐赠法》出台[①]。为规范基金会的组织和活动，维护基金会、捐赠人和受益人的合法权益，促进社会力量参与公益事业，2004年3月，国家又颁布了新的《基金会管理条例》。

现在，我国社会组织发展的法律环境已经得到了大大改善，2013年中共

---

① 王名，贾西津.中国非营利组织：定义、发展与政策建议[M]//范丽珠.全球化下的社会变迁与非政府组织(NGO).上海：上海人民出版社，2003:269.

十八届三中全会通过的《中共中央关于全面深化改革若干重大问题的决定》明确提出“行业协会商会类、科技类、公益慈善类和城乡社区服务类这四类社会组织，可以依法直接向民政部门申请登记，不再经由业务主管单位审查和管理。”可以说，这一举措在改革社团登记管理的“双重分层管理体制”上迈出了重要一步。同时，《社会组织登记管理条例》的制定再次被列入《国务院 2020 年立法工作计划》和《民政部 2022 年度立法工作计划》。《社会组织登记管理条例》正式施行后，我国现行的《社会团体登记管理条例》、《基金会管理条例》和《民办非企业单位登记管理暂行条例》三大条例将同时废止。这将为社会组织营造一个更加宽松的社会环境，无疑会加速我国社会组织的蓬勃发展。

国家民政部民间组织管理局的统计结果显示，1988 年全国民间组织仅有 4446 家，2007 年底发展到 386916 家，年均增长 21%。2007 年民办非企业单位已发展到 173915 家，基金会 1340 家，社会团体 211661 家。根据民政部统计，截至 2021 年底，全国共有社会组织 90.2 万个，比上年增长0.9%。其中登记注册的社会团体共有 371110 个，民办非企业单位有 521883 个，基金会有 8877 个[①]。经过多年的发展，社会组织已经遍布全国各地，包括行业协会、工会、教育、科技、文化、卫生、体育、环保、社区、农村专业经济合作社等诸多领域，已初步形成了门类齐全、覆盖广泛的非营利组织体系[②]。但是我国社会组织的兴起并不意味着它们就具有充分的自主与独立性，我国的现代化模式属于政府主导、后发外生型，且社会对政府一直有着很强的依赖性，这就决定了我国的社会组织要想生存和发展，就需要政府的支持和帮助，想要在社会层面上自发生成是很难的。进而决定了我国的社会组织不

---

① 民政部门户网站. 2021 年社会服务发展统计公报[EB/OL].(2022-08-26)[2022-09-27]. http://images3.mca.gov.cn/www2017/file/202208/2021mzsyfztjgb.pdf.

② 唐斌.禁毒非营利组织及其运作机制研究[D].上海大学社会学博士论文,2006.

能完全独立于政府组织，需要与政府部门进行极其复杂的互动。在我国，我们有时候甚至不能明确地区分哪些是政府部门，哪些是社会组织，社会组织大多缺乏自主选择和开辟自己生存与发展空间的能力。我国社会组织发生的独特背景和发展路径决定了社会组织“在性质上与政府的补充性强、分权性弱；其发生领域、活动范围与政府让渡出来的空间密切相关；在类型上，执行性强、自治性弱；在功能上，服务性强、倡导性弱，以承接政府转型转移出的社会服务职能为主，倡导作用非常有限；机制上合作性强、独立性弱，受政府干预较多。”[①]除此之外，我国现行关于社会组织的法律法规对其限制还比较多，通过“双重分层管理体制”“归口登记”“非竞争性原则”等这些限制性规定，使那些以自下而上方式产生的非营利组织很难合法注册，成为独立的法人，这类社会组织最后大多只能依托政府走自上而下的体制内生成路径，即牺牲组织的部分独立与自治来换取其生存和发展的合法性，否则要么去工商管理部门进行工商注册，要么干脆不登记成为“黑户”。

虽然我国改革开放以来经济、政治和社会的发展为社会组织提供了广阔的生存空间和发展机遇，但同时也对其有一定的制度与资源约束，从而导致我国社会组织在实际运作过程中普遍呈现“官民二重性”的特性，这种特性是我国社会组织在外部强大的环境力量尤其是政府力量的作用下不得不做出的无奈选择。

第二节　创新与实践：绿眼睛建立的现实环境

作为一个高中生创办的如此大规模的环保社会组织出现在温州而不是

① 贾西津.中国公民社会发育的三条路径[J].中国行政管理，2003(3)：22-23.

出现在其它的城市或地区，与温州人的性格和温州的环保工作需要有关。总体来看，温州绿眼睛的创建与新时期我国经济社会可持续发展所遇到的挑战、政府转变职能及其采购社会服务的经验以及温州人吃苦耐劳的精神是分不开的，其组建及早期运作过程也体现出苍南县团委、林业局对该组织的支持和扶植。

一、环保工作的需求

自20世纪六七十年代以来，环境污染问题、资源问题日益严峻，包括污染治理、生态和资源保护等在内的环境保护，开始在世界范围内成为备受关注的公共物品。一方面，各国政府和政府间的国际组织高度关注环境保护问题，联合国甚至还成立了专门机构——环境保护署。有关国家的政府机构也很快成立了专门的环境保护部门。另一方面，各种类型的环境保护运动也逐渐让社会组织进入了人们的视野，环境保护组织开始登上历史的舞台。

我国社会组织发展的情况与此大致相似。目前，我国环境污染已成为影响社会和谐的一个重要因素。在我国经济发展取得举世瞩目成就的同时，环境质量在下降：20世纪70年代出现局部污染，80年代城市河段和大气污染加重，90年代后呈扩大态势。伴随着新一轮经济增长，污染物排放总量居高不下，明显超出环境容量；环境质量整体下降，情景令人忧虑；环境污染事件不断出现，具有集中爆发特征。一些新的或隐性的环境问题逐步显现，如危险废物、微量有机污染物、持久性有机污染物、土壤污染等。我国平均约两天就发生一起环境污染事件。2004年的沱江污染、2005年的松花江污染、2007年的太湖蓝藻暴发等，影响程度之大、范围之广前所未有。环境投诉信件在过去10年中由每年几万封猛增到每年60多万封，近年来因环境引发的群体性事件以每年 29%的速度递增，2005 年全国发生环境污染纠纷5.1万起。出现“老板发财、群众受害、政府埋单”问题。① 2010 年，环境保护部、国家统计局、农业部联合发布的《第一次全国污染源普查公报》，环保部门称我国环境污染状况可能已达峰值。② 2020 年 6 月，生态环境部、国家统计局和农业农村部联合发布了《第二次全国污染源普查公报》，数据显示，我国污染防治效果明显，但攻坚战任务仍然艰巨。③ 党的十八大提出要大力推进生态文明建设，并指出“建设生态文明，是关系人民福祉、关乎民族未来的长远大计。面对资源约束趋紧、环境污染严重、生态系统退化的严峻形势，必须树立尊重自然、顺应自然、保护自然的生态文明理念，把生态文明建设放在突出地位，融入经济建设、政治建设、文化建设、社会建设各方面和全过程，努力建设美丽中国，实现中华民族永续发展。”党的十九大再次提出要加快生态文明体制改革，建设美丽中国。

随着环境污染问题日趋严重，生态文明建设越来越深入人心。大量环保型社会组织开始出现，国内最早的环保社会组织是梁从诫先生在 1994 年创建的“自然之友”。此后，各种类型的环保社会组织应运而生。它们有的在公共领域发起宣传倡议，有的在特定区域开发环境保护项目，有的在重大环境保护事件上影响公共政策，活动的不断深入和观念的碰撞融合，使民间环保社会组织成为我国一支强大的环境保护力量。2004 年“怒江保卫战”的胜利，充分展示了我国民间环保组织力量的强大。

而温州绿眼睛环保组织的创建，既与整个国家环境污染大环境相关，也

---

① 清啦环境水处理专家. 盘点：中国十大水污染事件[EB/OL].(2022-08-26)[2022-09-27]. https://view.inews.qq.com/a/20220826A032FI00.

② 中纺网络.《第一次全国污染源普查公报》：纺织行业仍为水污染物排放重点[EB/OL].(2010-02-22)[2022-09-27]. http://www.ccpittex.com/fzzx/gnzx_new/40655.html.

③ 人民日报.《第二次全国污染源普查公报》发布 生态环境家底全面摸清[EB/OL].(2020-06-11)[2022-09-27]. http://www.gov.cn/xinwen/2020-06/11/content_5518572.htm.

与温州本地的环境污染息息相关。随着经济的发展,温州市吸引了越来越多的商家来到了这个小城镇。本来温州就面临着人多地少、自然资源贫乏、缺乏原生自然植被、水土流失和海岸受蚀现象较为严重的局面,再加上粗放落后的个体经营、乡镇企业较多,更容易造成工业污染加重、水质自净能力减弱、生态脆弱和失调等问题。具体表现为以下几方面:生态环境脆弱;控制工业污染的任务极为艰巨;城市化加快带来的环境问题尤为突出;环保投入少、环境管理能力弱、环境科学技术落后与环保要求不相适应。

温州绿眼睛就是在这一环境污染和生态破坏的情况下成立的。目前温州已经在民政局登记注册并实际开展活动的环保社会组织只有两家,即"乐清绿色志愿者协会"和"温州绿眼睛环保组织"。而成立于 2002 年 9 月"乐清绿色志愿者协会"是在乐清市环保局的支持与关注下创建的。从发展路径上看,"乐清绿色志愿者协会"走的是体制内道路,是自上而下与自下而上双重动力推动下建立的,属于自上而下型非营利组织。"温州绿眼睛环保组织"则纯粹是一个自下而上的民间非营利组织,走的是体制外道路,属于自下而上型非营利组织。绿眼睛主要通过在非政治性公益领域的活动和媒体的报道获得社会合法性和政府的默许。由于没有官方背景,绿眼睛的发展过程相对缓慢,经历 3 年时间,才从一个小组发展为合法注册的非营利组织,其间遭遇了诸多挫折与磨难。但也正是因为绿眼睛的纯民间身份,使它在外界获得了较大的公信力,并得到许多国内外环保组织和环保人士在知识培训、专家指导、资金支持等方面的帮助。

二、创始人方明和的个人魅力

绿眼睛能够走到今天,可以说和创始人方明和本人的关系密不可分,在多数社会组织发展不如意的情况下,绿眼睛却能够从草根走到合法注册再到和政府部门密切合作，这不得不让我们关注到精英人物对社会组织发展的作用。笔者在这里所说的精英是指那些对社会生活有着较大影响力的人物，无论在什么样的社会中，精英人物都是不可或缺的，他们的存在和作用有时甚至能够影响一个社会的未来走向。

我国从1978年开始的局部性经济改革使得部分资源开始自由流动，慢慢地自由流动的空间也开始形成。这一社会形态被学者们称为"后总体性社会"。正是在这一社会中，涌现出一批民间统治精英，方明和便是其中的一位。

温州人吃苦耐劳、勇于拼搏的精神举世闻名，被称为"东方的犹太人"。温州传统的永嘉文化和海洋文化形成了温州人"精明通达、聪明实干、活络严谨、勇于拼搏、善于抓住商机"的独特的文化精神。温州人敢想敢闯、永远不满足现状、充满幻想力和冒险精神，使他们可以前往任何一个地方经营工商业，他们可以"白天当老板，晚上睡地板"。在中国十大民营企业中，温州企业就有两家——正泰集团和德力西集团。在这方热土上，我们看到的不仅仅是温州人在商业方面的成就，同样也能看到温州人在社会组织上的作为。中国青少年发展基金会的"希望工程"可谓家喻户晓。可这与一个人——徐永光的功劳是分不开的，而他正是温州人。上海映绿公益事业发展中心——一家社会组织的支持型公益组织，也是由温州籍的庄爱玲博士发起的。而温州绿眼睛却是由当时还只是苍南县求知中学高一的学生方明和创建的。方明和16岁创办绿眼睛环保组织；17岁成为中国第一位在北京人民大会堂获得环保奖项的青少年；19岁被《南方人物周刊》赞誉为"中国民间环保组织最年轻的掌门人"；获得国家八部委联合颁发的"全国保护母亲河先进个人"，是浙江省唯一被共青团中央中国青年志愿者协会聘请为常务理事的志愿者代表。

方明和这个出生于80年代后的大男孩身上有许多优点，他做事的勇气、工作的努力、对环保工作的热情等是绿眼睛能发展到今天这样一个规模的保障。

方明和的勇气是常人难以达到的。2000 年，当时还在温州苍南县求知中学上高一的方明和只身一人前往广东调查野生动物贸易问题，当他目睹了一幕幕血淋淋的动物被残杀的场面后，就萌发了做环保的强烈愿望。回到学校，他向同学们展示了一幅幅触目惊心的照片，讲述了他此次的暗访之行。感动于动物的悲惨命运和方明和的凛凛正气，班上的几名同学赞同他成立环保小团体的想法。2000 年秋季，方明和与年段里的几名同学到当地一水库开展了自然考察活动，一个名为"学生自然考察队"[①]的学生团体就这样成立了。2002 年初，方明和已经读到高三下半年了，刚刚通过会考，学校政教处老师把他叫到办公室，批评了 1 个多小时，认为他们没有外部支持是不可能搞环保的，学校希望绿眼睛(此时已经是绿眼睛这个名称了)归为学校所有，但这就意味着绿眼睛失去独立性，这给方明和施加了很大的压力。经过深思熟虑，他决定放弃这次高考，离开学校，以后再去读高考复读班。2002 年 3 月，绿眼睛向苍南民政局提出了成立"苍南县绿眼睛环保志愿者协会"的申请，而民政部门认为负责人方明和还是在校生，不宜发起社会组织，因此以"政治成熟度"不够为由拒绝了绿眼睛的申请，并明确要求新成立的组织需要教育局、环保局等作为主管部门，法人及会长均需由各个局局长兼任。筹备程序相当烦琐，而且协会的成立就意味着志愿者自主权的丢失，为了在最大限度上保证绿眼睛的独立性，方明和决定放弃高考，全身心投入"注册"的工作。

---

① "学生自然考察队"是绿眼睛环保组织的雏形，成立后与北京的"自然之友""地球村"等民间环保组织加强了联系。在参与了全球青年环境与人道主义项目"根与芽"(国际珍·古道尔研究会)后取名为"绿眼睛"。

放弃高考后，方明和却迷茫起来。每天上学的时候，看着别人都读书去了，方明和说“那种感觉真是……”。他不知道自己还能坚持多久，今后会怎样也没底，只是隐约觉得以后会好起来的。正是在那个别人忙着高考的夏天，绿眼睛正式获得了民办非企业的注册身份，方明和成为环保界最年轻的法人代表，但他与大学却从此天各一方。

在方明和的案头，是一幅珍·古道尔博士的照片，珍·古道尔博士是毕生致力于野生动物研究和保护的联合国和平大使，她曾说方明和“是个非常勇敢的孩子”。

而方明和在工作上的努力，则是令每个绿眼睛的员工都为之佩服的。在绿眼睛内部，他们都叫方明和为“老大”或“老方”。一谈起老大对工作的态度，大家更是竖起了大拇指。

绿眼睛的行政主管白洪鲍曾告诉笔者，他最怕跟老方住一起了，因为他有时会因想到一个活动方案而兴奋不已，不管是夜里几点都要把你摇醒，谈一下他的工作计划。而方明和更没有什么业余爱好，不喜欢打球、K歌，连周末也是在办公室度过。他的所有时间都花在了环保工作上。在海南做调查的时候，他告诉笔者，自己住过高级宾馆，也经常和几个人一起在办公室的地上打地铺睡，自己对这些外在的条件根本不看重，人这一生在物质上怎么过都是一样的，关键是精神上的富足。

方明和是独生子，很小的时候父母就离婚了，自己跟随母亲。他小时候性格内向，爱养小动物，经常到旧报纸市场收集报纸，关注可可西里的藏羚羊，曾经收集了1万份关于动物保护的知识集锦。在别人眼中，他是一个天性安静的孩子，但为了环保，他却能义无反顾地冲出去。方明和对动物有一种亲近感，他觉得自己能感受到他们的感情，每次看到被伤害的动物，“仿佛是自己的亲人受到了伤害”。他其实是一个喜欢安静的人。“强烈希望安静”的时候，他就“自己一个人去野外海边走走，看看鸟什么的，和自然在一起我什么烦恼都没有”。但他也同样喜欢“一切按照既定的规则”，为了环保，他知道“很多时候，我必须冲出去”。

> 据温州市环保局宣教主任LC回忆：“最开始，方明和见了记者要脸红，话都不敢讲。”2001年，他向苍南县环保局提出举办“爱鸟周”宣传活动的建议，还是“壮着胆子”提的。但这个平素言辞不多的男孩，为了留下捕猎野生动物的证据，会在猎人枪响之后，不顾一切地冲上去拍照片，惊得开枪者大喊：“你不要命了！”

自从事野生动物保护宣传和救护以来，方明和无私奉献、坚守岗位，为野生动物保护事业作出了突出贡献。笔者在此书写方明和成立绿眼睛的过程和目的，不是说绿眼睛的成立和发展都是他一个人的功劳，在绿眼睛的发展过程中，肯定离不开整个团队的协作和中国社会结构与制度环境变迁的关系。但是我们不可否认，正是在方明和的不懈努力下，绿眼睛才能从一个自下而上的民间社会组织发展成为华东地区规模比较大的环保社会组织。

三、绿眼睛的创建

2000年，绿眼睛创始人方明和（当时为高一学生）只身一人前往广东调查野生动物贸易问题，当他看到一幕幕血淋淋的屠杀场面后，就萌发了做环保的强烈愿望。回到学校以后，当时年仅17周岁的他准备与几个朋友在家乡温州苍南成立一个环保组织。2000年上半年，他向所在的学校提议成立以环保为主题的兴趣小组，没有得到校方的回应，于是自行联系了12位志同道合的学友成立了“学生自然考察队”，开展环保公益活动。而后，这一环保组织与北京的“自然之友”“地球村”等民间环保组织加强了联系，参与了全球青年环境与人道主义项目“根与芽”（国际珍·古道尔研究会）并取名绿眼睛，从此开始有计划的环保行动并获得了一连串的环保奖项，受到国内外新闻媒体的广泛关注。

2003年7月，“绿眼睛根与芽”以“绿眼睛青少年环境文化中心”为名在苍南民政局注册成功。目前这个中心有专职工作人员15名（不包括法人方明和），会员3000名，会员以中小学生为主，平均年龄不到18岁。活动经费来源主要有：会费及个人捐助、政府部门的项目资助、企业单位的合作赞助、与其他环保机构合作的项目经费。至今，绿眼睛作为浙江第一个民间环保社会组织，已有20多个年头了。

第三节　绿眼睛合法性的获得

2018年8月3日，民政部公布了《社会组织登记管理条例（草案征求意见稿）》全文，征求社会各界意见。新条例正式施行后，《社会团体登记管理条例》、《基金会管理条例》和《民办非企业单位登记管理暂行条例》三大条例将同时废止。2013年中共十八届三中全会通过的《中共中央关于全面深化改革若干重大问题的决定》明确提出“行业协会商会类、科技类、公益慈善类和城乡社区服务类这四类社会组织，可以依法直接向民政部门申请登记，不再经由业务主管单位审查和管理。”但我国目前施行的依然是我国1998年出台的《社会团体登记条例》，依据该条例的规定，成立社会团体的条件在过去的“必须由业务主管机关审查同意”的基础上，新增了“社会团体必须是社团法人，要有50个以上的个人会员或者30个以上的单位会员，个人会员和单位会员混合组成的，会员总数不得少于50个；全国性社团有10万元、地方性社团要有3万元的活动资金，有固定的办公场所、有专职的工作人员"等规定。[①] 关于合法性的概念，学者们给出了不同的界定。在马克斯·韦伯那里，他的"合法性"中的"法"是指法律和规范。在帕森斯那里，合法性很大程度上被理解为对组织目标的社会评价的适应。在梅耶和斯科特那里，组织的合法性是指文化对组织支持的程度，即已经建立的文化规范对组织的存在所提供的解释。在哈贝马斯那里，合法性意味着某种政治秩序被认可的价值。而我国学者——北京大学的高丙中教授曾为了有效地分析社团与合法性的关系，把合法性分解为社会（文化）合法性、行政合法性、政治合法性和法律合法性，并认为法律合法性是整合前三种合法性的核心。他推测，根据《社会团体登记管理条例》（以下简称条例）的规定，我国目前的社团管理将造成这样的事实：一个社团要么同时具备这四种合法性，要么不存在。本书将从高丙中教授提出的合法性的四个方面来分析绿眼睛合法性的获得历程。

绿眼睛是如何满足这四个合法性要求获得合法注册的呢？绿眼睛从其最初创立到正式合法注册经历了3年多的时间（2000年11月—2003年12月），这四方面的合法性也是一步步地获得的。

一、社会合法性

高丙中认为，社团的社会合法性主要有三种基础，一是地方传统，二是当地的共同利益，三是有共识的规则或道理。[②]

① 高丙中，袁瑞军.公民社会发展蓝皮书[M].北京：北京大学出版社，2008：36.

② 高丙中.社会团体的兴起及其合法性问题[J]中国青年科技，1999(3)：20.

绿眼睛作为一个环保社团，她主张的环保理念正是因为与当下社会提倡的人类社会可持续发展，以及人、社会、自然和谐共处的要求一致，才得以动员到大量志愿者参与其中，并荣获各类环保奖。

绿眼睛的志愿者人数最多时达到5000人，组织通过一系列的措施招募了大量志愿者。绿眼睛的志愿者动员、管理模式大致经过三个阶段的改革而趋于完善。第一阶段是自发期（2000—2002），创始人方明和与主要骨干以朋友式的方式凝聚起来。第二阶段是自主期（2003—2006上半年），2003年在模式地苍南县创立“灵溪团”，尝试进行体制改革与“团队自主管理”，并引进商业积分奖励模式和美国童子军团队晋级模式。2004年，组织开始进行大范围的推广，但规模扩展过快，方明和与主要骨干又忙于组织宣传和筹资，导致组织开展的活动减少，会员渐渐不满，自此组织开始逐渐缩小规模。第三阶段是赋权期（2006年9月至今），对骨干成员进行充分赋权，团队在运作和经费上完全自主管理，办公室转为主动的培训和支持，同时对一些团队给些小额资助。绿眼睛最初开展的很多活动主要得益于会员的会费以及会员的参与。在政府不再直接拨款给任何社团的情况下，一个社团如果得不到一定社会范围的承认，就没有资源开展活动，甚至连注册需要的基本资金都无以筹措。

二、行政合法性

行政合法性是一种形式合法性，其基础是官僚体制的程序和惯例，其获得形式是多种多样的，大致有机构文书、领导人的同意、机构的符号（如名称、标志）和仪式（如授予的锦旗）等。社团的行政合法性在于某一级单位领导以某种方式（允许、同意、支持或帮助）把自己的行政合法性让渡或传递过来。[①] 虽然目前我国已经开始执行“行业协会商会类、科技类、公益慈善类和城乡社区服务类这四类社会组织，可以依法直接向民政部门申请登记，不再经由业务主管单位审查和管理”，但在实际操作中，如何判断社会组织是否属于此类仍然面临许多问题。同时，绿眼睛当时注册时依然需要行政合法性这个条件，所以在研究中，笔者依然分析绿眼睛是如何获得行政合法性的。

行政合法性对于我国的社团及其活动具有非常特殊的意义。从某种意义上说，行政合法性尤其是法人社团和单位社团的命根子。行政合法性是社团法人的前提条件。从我国《社团管理条例》的条文来看，一个社团必须先找到一个主管单位，然后才能够申请成为法人。

绿眼睛虽然是学校的学生发起的，但她为了保持自己的独立性，并没有让自己成为学校内部的一个社团。2001 年 10 月，绿眼睛荣获了“国际福特环保奖”，引起了省市级媒体的大量报道，并有了首笔奖金 5000 元。方明和所在的学校却看中了这块大奖。一日，该校某领导以交谈为由将方明和叫到办公室，几轮对话后就直接摊牌，要求绿眼睛将奖牌归为学校，以便开展招生宣传；同时放言绿眼睛若不妥协就扣留方明和等人的学业档案，并向外界宣称绿眼睛为“非法组织”。当时的绿眼睛已定性为由各校志愿者自愿发起的联合团队，如果按照该校的做法不仅对其他学校的志愿者有失公正，也势必影响绿眼睛的长足发展。经过多名发起人的再三讨论，绿眼睛做出了一个惊人的决定：拒绝答应校方的无理要求，保障绿眼睛自主管理，同时还用一部分奖金在校外租一间办公室，自此，绿眼睛开始真正了真正意义上的独立运作，并寻求注册的方法成为一个法人社团。如何找到社团的主管单

① 高丙中.社会团体的兴起及其合法性问题[J]中国青年科技，1999(3):21.

位，是绿眼睛在注册过程中遇到的最大难题。作为一个高中学生生发起的组织，往往不被外界看好，在这其中绿眼睛正是运用了以下两种策略获得了团县委的支持，给组织找到了“婆家”。

（一）创始人放弃高考，提高政治成熟度

2002年3月，绿眼睛便向苍南民政局提出成立“苍南县绿眼睛环保志愿者协会”的申请，而民政部门认为负责人方明和还是在校生，不宜发起社会组织，便以“政治成熟度”不够为由拒绝了绿眼睛的申请，并明确要求需要教育局、环保局等作为主管部门，法人及会长均需各个局局长兼任。筹备程序相当烦琐，而且协会的成立就意味着志愿者自主权的丢失，为了在最大限度上保证绿眼睛的独立性，方明和放弃了高考，全身心投入“注册”的工作。

（二）开展活动，扩大社会影响

2002年4月，在“温州市志愿服务先进集体”的颁奖大会上，绿眼睛引起了省市级共青团组织的重视。会后苍南团县委书记向方明和提出了“正式注册”的问题，并有意将绿眼睛“收编”至团系统下属的“青年志愿者协会”。通过多次磋商，团县委决定让绿眼睛以环保团的名义挂靠在“苍南县青年志愿者协会”名下，并保证绿眼睛项目运作的绝对自主权。但由于各种原因，这一承诺一直未以正式文函的形式传达，绿眼睛继续以“绿眼睛·根与芽”的名义开展活动。

2002年底，绿眼睛决定启动“救助流浪动物”项目，此后，绿眼睛便以“关爱动物环保教育中心”的名义开展以救助动物为主的活动。这个中国首个由青少年学生发起的动物救助中心取得了很大的成效。在当地，一谈到动物救助的事，民众们就会竖起拇指大加赞赏。绿眼睛也因此荣获国家级“地球奖”。

2003年3月，绿眼睛获得“浙江省志愿服务杰出集体”，方明和便以此为契机向团县委提出正式批复“绿眼睛环保团”的建议，很快绿眼睛拿到了首枚正式公章——“苍南县志愿者协会绿眼睛环保团”（法律上定义为二级社团），同时还成立了中国首个在民间组织内部设立的团支部。

通过这些努力，绿眼睛一方面为自己找到了“婆家”（业务主管单位），另一方面也满足了注册部门民政局的要求（提高政治成熟度）。

三、政治合法性

政治合法性是一种实质合法性，它涉及社团内在的方方面面，如社团的宗旨、社团活动的意图和意义，它表明了某一社团或社团活动符合某种政治规范，即“政治上正确”，因此是可以接受的。社团可能订立自己的宗旨，并在开展活动的过程中阐发活动的意义。这些表达如果被接受，尤其是被党委系统接受，社团就由此获得了某种合法性。政治合法性对于社团的存在和发展都是至关重要的。在中国的公共空间的任何存在都要首先解决政治合法性问题。①

绿眼睛的宗旨开始为“用绿色的眼睛关注身边的环境，用绿色的心灵守护纯净的自然”，后来提炼为“与公众一起，发展社会行动能力，以民间力量制衡不公平、不公正的环境公共事务，实现人类的可持续生存”为组织立命之本。可以说，组织的宗旨是“政治上正确”、可以接受的。但组织有个关键问题，就是其是高中生创办的，“政治成熟度不够”，民政部门担心创始人升学后组织就会解散，因此对组织的注册问题始终不认可。方明和为了保证自己的政治成熟度曾两度放弃高考，为组织赢得了发展的空间。

---

① 高丙中.社会团体的兴起及其合法性问题[J]中国青年科技.1999(3):22.

四、法律合法性的最终获得

在新的《条例》实施以前，我国许多社团在产生时往往只具有社会合法性、行政合法性和政治合法性中的一种合法性，而且它们在实际运作的过程中也能够依托这一种合法性在社会上进行活动。但是，国务院1998年的《条例》实质上对社团提出了综合的合法性要求：社会合法性、行政合法性、政治合法性、法律合法性，一个都不能少。《条例》规定，社会团体必须在民政部门登记注册，得到法律的认可，成为合法组织，否则，要受到法律的制裁。[①] 为了促使社团满足充分合法性的要求，法律合法性的获得实际上就意味着前三种合法性也是满足的。《条例》一方面要求拟议中的社会团体应当经过主管单位的审查同意，表明社会团体要先经过政治合法性和行政合法性的检验；另一方面，《条例》还规定社会团体要有相当数量的会员、固定的处所、合法的资产和经费来源等。一定数量的支持者和参与者、一定数量的财产和资金，这些都要从社会上获得，而赢得社会大众的基础就是社会合法性，社团显然也要具备社会合法性。总之，社团要想合法注册，就必须满足前面三种合法性的要求，否则，只能暗地里开展活动，面临随时被取缔的危险。

绿眼睛在获得前面三种合法性，尤其是找到"婆家"后，也就很容易得到了法律合法性。2003年5月，方明和怀揣30000元从家里借来的注册资金，向民政局提出以团县委为主管部门注册"社会团体"的申请，为了保证足够的"政治成熟度"，他放弃了第二次高考的机会。通过多方努力，2003年7月1日，苍南县民政局正式下文同意绿眼睛的成立。从此，绿眼睛终于有了一

① 高丙中.社会团体的兴起及其合法性问题[J]中国青年科技，1999(3):20.

个正式的法人身份——“苍南县绿眼睛青少年环境文化中心”,而当时 19 岁的方明和也成为中国环保界最年轻的法人代表。

第四节　小结

通过以上对绿眼睛环保组织创建背景和环境的分析,可以做出如下总结:第一,全球社团革命是绿眼睛创建的国际背景,我国政治经济体制改革是绿眼睛创建的前提条件,环保工作的需要是绿眼睛创建的时代背景,创始人方明和的个人努力是绿眼睛得以创建的现实条件。第二,绿眼睛合法性的获得既为组织获取资源带来了便利,又为组织受到限制、干预甚至控制从而影响到组织自主运作带来了隐患。绿眼睛环保组织就是在我国政府部门既需要社会组织提供公共服务,又要对社会组织进行监管的背景下创建起来的。

第四节 小结

第四章　绿眼睛组织与政府部门的互动

社会组织作为重要行动主体，在社会生活中必然要与其他行动主体进行互动。政府作为一个特殊的行动主体，社会组织必然要与其进行互动，关于政府和社会组织之间的关系，早已成为我国众多社会组织研究者的研究重点和热点。对照前面文献综述介绍的西方学术理论，可以看到，我国的政府与非营利组织之间的关系与国际上的主流形势并不一致，不论是萨拉蒙和纪德伦等人提出的四模式还是市民社会、法团主义中国家与社会的关系，在考察我国社会中非营利组织与政府的关系都存在"水土不服"的现象。我国社会组织不具有完全的自主性和独立性，很难按照西方的标准来衡量，社会组织与政府之间有着极为复杂的互动关系。"'非营利组织的作用刚好可以弥补政府的不足，反之亦然'。两种组织的不同优势为二者的合作提供了前提，一方可以通过与对方的合作，来弥补自身不足，实现组织目标"。[①] 那么，政府与社会组织究竟是如何互动的？本章通过考察温州绿眼睛与政府之间的互动行为，来分析我国自下而上的社会组织是如何与政府互动获得自身发展所需要的资源。在两者的互动中，社会组织的独立性如何？组织是通过什么策略获得资源，进而作为筹码与政府互动，达到组织目标，实现组织宗旨的？

第一节　政府部门与绿眼睛组织的互动行为分析

我国社会组织在获取行政合法性、政治合法性、法律合法性、开展活动的领域、筹资的途径等方面，都与政府有着诸多关联，对社会组织来说，政府的影响可以说是无处不在。一些社会公信度高、影响大、运作比较成功的社

① 汪锦军.浙江政府与民间组织的互动机制：资源依赖理论的分析[J].浙江社会科学，2008(9)：31.

会组织都需要政府的帮助，官方背景是这些社会组织获得成功的关键。在我国这样一个"后总体性社会"的现实中，社会组织必须与政府进行互动。即使是社会公众自发成立的社会组织，也会受到政府权力的影响，并且要服从政府的权力和威信。绿眼睛就是这样一个由社会公众自发成立的自下而上的民间社会组织，她与政府的互动关系是由我国的现实环境所决定的。

一、对政府行为的分析

（一）赋予温州绿眼睛存在的合法性

在绿眼睛与政府的互动中，首先是要政府承认绿眼睛存在的合法性，即对她存在的必要性表示认可，这是绿眼睛存在和发展的基础。在我国现阶段社会中，如果得不到政府的认可，那么绿眼睛就不可能存在，更不要说开展组织活动。政府认可绿眼睛的存在是出于以下四个方面的因素考虑：

第一，政府的环保责任承担要求。尽管已有理论对国家存在的必要性、国家的职能和性质等基本问题存在诸多争论。但有一点在学者之间基本上达成了共识，即国家的一个基本职能就是要为社会成员提供公共物品，这种社会职能可以说是早已有之，而且是每个政府都需要履行的基本职能。[①] 环保资源是公共物品的一种，我国政府同样要履行提供环保资源的职责，一方面，虽然我国社会已开始由总体性社会向后总体性社会转变，但在这一转变过程中，人们依然对政府有着很强的依赖性，认为很多物品都应由政府来提供，这就必然会加重政府的负担。另一方面，现阶段我国政府在提供环境保护方面面临着前所未有的压力，财政负担过重，环境保护的信息量少，信息不全和保护力量不足等诸多问题，都需要借助社会组织，尤其是民间环保社

① 田凯.非协调约束与组织运作：中国慈善组织与政府关系的个案研究[M].北京：商务出印书馆，2004：104.

会组织的力量。

绿眼睛作为环保公益性社会组织，其组织行动目标就是提供环保公益产品，并且组织所实施的环保项目更贴近于人们的日常生活。组织是直接面向基层和社区的，因而可以获得大量环境污染、环境破坏的材料，然后对破坏或影响环境保护的行为向政府有关部门揭发，或以向媒体呼吁等方式予以阻止，以实现保护环境的目的。可以说，绿眼睛在环保公益产品的提供上是对政府职能的一种有效补充。绿眼睛以保护环境、促进青少年发展为其行动的核心目标，通过实施组织的环保公益项目，绿眼睛对我国环境保护的投资和环境保护的行动在一定程度上缓解了政府在环保方面的财政负担和人员不足的难题。允许绿眼睛存在并运行组织的环保公益项目，能够协助政府提高执政能力，并增强政府的社会合法性。正是因为绿眼睛的这种社会作用，政府必然会赋予其一定的行动自由和行动空间，允许其存在和运作，只要在法律法规允许的范围内开展活动并提供有益的环保公益产品，政府就不会过多地干涉。

第二，我国政府机构改革，转变职能的需要。实现政企分开、政社分开，政事分开是我国政治体制改革的目标。现阶段，我国政府在执政理念上强调建立“小政府、强社会”“强国家、强社会”的社会形态，而要实现这一目标，就需要政府转变职能，提倡管理的社会化，从而降低政府的社会管理成本。在实现“强国家、强社会”的过程中，更需要高质量的社会组织。从某种程度上来看，高质量社会组织的存在是政府的重要社会资本，有益于政府实施社会管理。柏特南认为，社会资本主要是由与公民的信任、互惠和合作有关的一系列态度和价值观构成的，其关键是使人们倾向于相互合作，去信任，去理解，去同情。[①] 绿眼睛以实现人类社会可持续发展为组织的宗旨，承担了

① 罗伯特·D.柏特南.独自打保龄球：美国下降的社会资本[M]//李惠斌，杨冬雪.社会资本与社会发展.北京：社会科学文献出版社，2000：165-176.

相应的环保公共责任，有助于我国政府转变职能。绿眼睛以组织所拥有的社会影响力获得了政府的认可和帮助；政府的支持与承认是绿眼睛和政府互动的前提条件，也是组织存在和发展的基础。

第三，政府的环保资源短缺和资源获取方式的合法性约束。1949年以后至改革开放之前，我国政府通过一系列措施实现了对重要社会资源的垄断，一个社会成员想获得最基本的生存条件，都必须从国家的再分配体制中获得相应的资源。因此，有学者将我国改革开放之前的社会称之为"总体性社会"。然而，几十年的发展实践表明，这种社会结构虽然在整合社会秩序、集中资源发展国力方面发挥了一定作用，但社会的刚性结构、统购统销的资源配置模式，并不能很好地满足国民的多样化社会需求。[①] 此外，在新中国成立初期，政府往往以发展经济为第一要务以解决国民的贫困问题，很少考虑到环境保护问题，即在环保方面的资源投入是短缺的。但政府的资源短缺并不意味着它可以用任何方式从社会中获取资源。政府获取资源的方式是受到社会成员的合法性约束的。尤其是政府不能直接接受国外一些非营利组织的捐助，因为国外非营利组织一般不愿意与政府部门合作，对政府部门的行为存在质疑。绿眼睛就是在这一社会大背景下出现的。一方面，绿眼睛可以解决政府在环保方面投入不足的困境；另一方面，组织可以代替政府出面接受一些国际非营利组织的资源援助。

第四，政府缓解就业压力，提供公民参与渠道的需要。近年来，随着高校大规模的扩招，毕业生人数也逐年增加，随之而来的就是毕业生就业问题的紧迫性。而作为政府和企业之外的承担社会管理和公共服务的社会组织，蕴含的就业潜力非常可观。根据西方发达国家的经验，非营利组织可创造占社会总量10％的就业岗位。据不完全统计，我国目前非营利组织的数

---

① 孙立平，晋军，等.动员与参与：第三部门募捐机制个案研究[M].杭州：浙江人民出版社，1999：8-9.

量介于400万至800万之间，以每个组织3～5名工作人员计算，就蕴含着1200万至4000万就业机会，超过民政部两年前做出的300万人的估计。[①] 政府需要非营利组织提供就业岗位，缓解就业压力。据民政部统计数据显示，截至2021年底，我国社会组织吸纳社会各类人员就业1100万人，比上年增长3.6%。

此外，随着我国社会主义民主政治的发展，公民参与意识和参与能力迅速提升，参与热情也不断高涨。早在党的十七大报告中就明确指出，"发挥社会组织[②]在扩大群众参与、反映群众诉求方面的积极作用，增强社会自治功能"。而党的十九大报告更是指出要"加强社区治理体系建设，推动社会治理重心向基层下移，发挥社会组织作用，实现政府治理和社会调节、居民自治良性互动"。如今，公民越来越多地通过各类社会组织来实现利益整合和利益诉求的表达，社会组织逐渐成为公民有序政治参与的重要途径。

从以上这些角度来看，社会组织的发育和成长可以分担政府公共服务的职责。因此，从目标上来看，政府对社会组织具有依赖关系，社会组织的强大，可以提供更多的公共服务，减轻政府的负担。社会组织在公共服务中的作用发挥是政府希望其强大的理由，也是社会组织与政府交换资源的筹码，更是政府依赖社会组织的基础。

（二）对绿眼睛的行为限制

政府部门对绿眼睛各方面的行为规定，主要是中央政府出台的法律法规，当地政府很少专门出台相关的政策法规来规制非营利组织的发展。我国1989年的《社会团体登记管理条例》就确定了政府对非营利组织的"双重

---

① 人民网.杨澜委员：四招破解大学毕业生就业难[EB/OL].(2009-03-05)[2021-05-05]. http://news.sina.com.cn/c/2009-03-05/160817343872.shtml.

② "社会组织"即"非营利组织"，中国官方一般用"社会组织""民间组织"来指代"非营利组织"。

分层管理体制”,这一体制也成为我国社团管理体制的最重要特征。所谓双重管理体制就是,社团的管理工作由社团管理机关和业务主管部门共同负责。根据条例的规定,现阶段我国社团管理机关是中华人民共和国民政部和县级以上地方各级民政部门。业务主管部门是对社团的业务活动进行直接指导和日常管理的政府机关,具体来说,主要是指各级政府的职能工作部门和党的工作部门。民政部门和业务主管部门对社团管理工作各司其职,分工协作。民政部门承担依法登记管理和依法监督管理社团的职责,业务主管部门侧重于对社团的业务指导和具体的日常管理。所谓分层管理,是指根据社团的成员分布和活动地域范围等实际情况,由不同级别的登记管理机关来分别管理不同层次的社团。

我国现在正在实施的1998年修改后的《社会团体登记管理条例》继续肯定了双重分层管理体制。从双重分层管理体制出发,我国的社团管理主要表现为三种形式,即登记管理、日常管理和监督管理。1998年颁布的新《社会团体登记管理条例》第六条规定:“国务院民政部门和县级以上地方各级人民政府民政部门是本级人民政府的社团登记管理机关。”该规定明确了民政部门是唯一的社团登记管理机关。“国务院有关部门和县级以上地方各级人民政府有关部门、国务院或者县级以上人民政府授权的组织,是有关行业、学科或者业务范围内社会团体的业务主管单位”。《社会团体登记管理条例》同时对业务主管单位赋予了广泛的管理权限和管理责任。第九条规定:“申请成立社会团体,应当经其业务主管单位审查同意,由发起人向登记管理机关申请筹备。”《社会团体登记管理条例》第二十八条规定:“业务主管单位履行下列监督管理职责:(1)负责社会团体筹备申请、成立登记、变更登记、注销登记前的审查;(2)监督、指导社会团体遵守宪法、法律、法规和国家政策,依据其章程开展活动;(3)负责社会团体年度检查的初审;(4)协助登记管理机关和其他有关部门查处社会团体的违法行为;(5)会同有关机关指导社会团体的清算事宜。"《社会团体登记管理条例》第十条中规定："社会团体的名称应当符合法律、法规的规定，不得违背社会道德风尚。""社会团体的名称应当与其业务范围、成员分布、活动地域相一致，准确反映其特征。全国性的社会团体的名称冠以'中国''全国''中华'等字样的，应当按照国家有关规定经过批准，地方性的社会团体的名称不得冠以'中国''全国''中华'等字样。"此外，第十条还规定了"成立社会团体必须有合法的资产和经费来源，全国性的社会团体有 10 万元以上活动资金，地方性的社会团体和跨行政区域的社会团体有 3 万元以上活动资金"。同时，《社会团体登记管理条例》第十五条还规定了社会团体必须有自己的章程，章程应当包括：(1)名称、住所；(2)宗旨、业务范围和活动地域；(3)会员资格及其权利、义务；(4)民主的组织管理制度，执行机构的产生程序；(5)负责人的条件和产生、罢免的程序；6 资产管理和使用的原则；(7)章程的修改程序；(8)终止程序和终止后资产的处理；(9)应当由章程规定的其他事项。

《社会团体登记管理条例》几乎把社团所有的日常活动纳入政府的管理体制之内，削弱了社会团体自身的决策权。《社会团体登记管理条例》第二十八条规定了业务主管单位履行的监督管理职责：

(1)负责社会团体筹备申请、成立登记、变更登记、注销登记前的审查；

(2)监督、指导社会团体遵守宪法、法律、法规和国家政策，依据其章程开展活动；

(3)负责社会团体年度检查的初审；

(4)协助登记管理机关和其他有关部门查处社会团体的违法行为；

(5)会同有关机关指导社会团体的清算事宜。

《条例》对社团的业务主管单位的职责范围是做了概括的规定，而《社团管理工作》一书则更具体地规定了业务主管单位的职能。具体来说，业务主管单位对社团日常管理的内容包括：

(1)根据法律、法规及政策，检查、指导和规范社团的日常活动，并根据社团发展变化的客观需要，及时制定新的政策、规定，使公民结社和社团活动的法律、法规不断完善和具体化。业务主管部门是国家在该领域内各项方针、政策、规定的直接制定者和执行者，所以对这些方针、政策、规定最有解释权。另外，业务主管部门还是该领域或行业内的业务发展方向的规划者和计划的拟订者。政府有关管理部门认为，“依法行政和法规建设是社团管理机关和业务主管部门从事日常管理的首要任务。”①

(2)实行社团年度检查，这主要是由登记管理机关来做。实行年度检查的目的在于，“通过年检活动，督导社团积极履行章程规定的宗旨、任务，也及时制止和纠正少数社团的违法、违纪行为。”②年检的内容包括：执行法律、法规情况，有无违法乱纪行为；开展业务活动情况；开展经营活动情况；财务管理和经费收支情况；机构设置情况，主要是核查社团日常办事机构和分支机构的备案情况，及时指出社团在机构设置上的问题，纠正错误，使机构设置更加合理、规范；负责人及工作人员情况；社团办公地点情况；其他有关情况，如社团收取会费情况，政府部门领导人兼任社团领导职务情况等。年度检查是具有强制性的，“接受社团登记管理机关的年检是必须履行的法律手续，是社团应尽的义务，任何社团不能以任何理由拒绝年检。”③

(3)实行社团重大活动的审批、报告制度。所谓社团重大活动，主要是指社团举行的会员大会（或会员代表大会）、年会、学术报告会（研讨会），以及接受资助、国际交流和涉外活动等。社团在开展影响较大的活动前，应事先将其活动的内容、方式、规模等情况报业务主管部门批准，并报告社团管理机关。业务部门还要求社团预报全年活动计划，以便全面掌握、考察社团

① 吴忠泽，陈金罗.社团管理工作[M].北京：中国社会出版社，1996:44.
② 吴忠泽，陈金罗.社团管理工作[M].北京：中国社会出版社，1996:84.
③ 吴忠泽，陈金罗.社团管理工作[M].北京：中国社会出版社，1996:87.

业务活动情况，并加以必要的指导和支持。

(4)负责对社团负责人和社团专职工作人员进行经常性的形势、任务和思想政治教育，使其熟悉并遵守国家的法律、法规和政策。

(5)负责对社团负责人的选举和换届任免的审核、社团专职工作人员的党组织建设、工作调度、工资调整、职称评定等方面的管理。

(6)负责对社团内部组织机构的调整、增减等进行审查并提出意见。社会团体设立分支结构(分会、分专业委员会)，需持本社团设立分支机构申请备案的报告和业务主管部门审查同意的文件，到民政部门申请备案，经民政部门审查同意后，方可设置。

(7)评比和表彰先进社团，举办社团负责人及社团专职工作人员的培训。通过宣传、教育的方式，对社团进行积极的引导。

(8)业务主管部门作为政府行政机关，对自己业务领域内的社团设立和发展方向具有引导的职责。业务主管部门可将那些政府部门不便管、管不了又需要管，并且又适合社团管的事情交给社团去做，并妥善解决社团与社团的业务范围划分和分类等问题。①

从前面的介绍可以看出，通过实施《社会团体登记管理条例》，社会组织完全处于政府的控制管理之中，社会组织要受到业务主管单位和登记管理机关的双重领导，这会使社会组织从注册登记、日常管理、监督，甚至最后解散的方式等活动，都被纳入国家的管理之中，导致社会组织的相对独立性和自主性很难得到保证。虽然社会组织在实际运作过程中并不一定完全按照制度的规定去实施，但是这个正式制度确实赋予了社会组织登记机关和业务主管单位干涉组织活动的合法权力。这就意味着，只要它们认为有必要，可以随时介入到社会组织开展的任何一个活动，并且这样做是有法律依据

---

① 田凯.非协调约束与组织运作：中国慈善组织与政府关系的个案研究[M].北京：商务出印书馆，2004：177-178.

的，这一点肯定会对社会组织的发展造成影响。

为什么这种双重分层管理体制能够确立，康晓光在《转型时期的中国社团》一文中认为，“社团的‘双重管理体制’之所以能够确立并实施，不完全取决于政府的偏好，还在于政府的强大。如果社会有能力对抗政府，那么即使政府想把社团置于自己的控制之下也办不到。改革初期，在政府与社会领域的权力分配格局中，政府占据了绝对优势地位，而且这种格局至今也没有发生实质性的改变。这一背景对中国社会领域的改革产生了广泛而又深远的影响。这就是新制度经济学反复强调的‘路径依赖’现象。实际上，中国经济领域的改革也是如此。人们所共知的‘政府主导型’‘渐进改革’‘稳定压倒一切’等中国改革的基本特征，都与‘强大政府’这一初始背景有着直接的密切的关联。”[①]双重分层管理体制已经实行 20 多年了，目前这个原则虽然没有什么根本的变动，但 2013 年中共十八届三中全会通过的《中共中央关于全面深化改革若干重大问题的决定》明确提出，“行业协会商会类、科技类、公益慈善类和城乡社区服务类这四类社会组织，可以依法直接向民政部门申请登记，不再经由业务主管单位审查和管理。”政府部门开始对社团进行分类管理，对不同的社团进行区别对待，对那些发展比较规范、内部管理结构合理的社团，可以允许它们直接登记，不需要业务主管单位。而政府除了制定规章制度将社会组织的一切活动受到社团管理部门的监管，还掌握了社会组织的奖励与惩罚权。根据《社团管理条例》的规定，由民政部门评估和表彰先进社会组织，对社会组织工作人员的奖励和惩罚由社会组织的主管部门进行。

温州绿眼睛环保组织当时旗下有三个在民政部门正式注册的法人公益机构，即浙江温州绿眼睛环境文化中心、浙江苍南县绿眼睛青少年环境文化

① 康晓光.转型时期的中国社团(论文节选)[J].中国青年科技，1999(3)：11-14.

中心、福建福鼎市绿眼睛环保志愿者协会，其业务主管单位分别是温州环保局、苍南县团委、福鼎县团委，登记管理机关都是各地的民政局。在《温州绿眼睛的发展章程》总则的第四条中明确规定，温州绿眼睛接受各业务主管单位的业务指导，在民政局登记注册并接受其监督管理。同时，在温州绿眼睛创建之初，苍南县环保局曾主动找到绿眼睛，为其召集了10多家企业，捐款37000多元，作为注册和开展活动的资金。当初，绿眼睛的创始人方明和决定在政府正式登记注册，便立即得到了县团委的支持，特别是县团委书记YDJ的支持，YDJ当时任宣传部部长，分管志愿者协会，后又得到县团委WZZ的诸多帮助，其将县少年宫的一间办公室免费提供给绿眼睛，绿眼睛组织的合法注册问题一步步得到了解决。

依据我国1998年出台的《社会团体登记管理条例》的规定，温州绿眼睛的成立完全符合《社会团体的登记管理条例》的相关规定，既有业务主管单位，又有登记管理机关。温州绿眼睛的合法注册离不开县团委的大力支持，不仅仅是经济上的，如办公场所的支持，更重要的是身份上的，即成为其"婆家"，解决了组织注册中的业务主管单位问题。

绿眼睛从刚开始成立就显示出了政府赋予的制度资源优势。虽然这些制度规定使绿眼睛处于政府的控制之中，组织的相对独立性和自主性很难得到保证，但如果得不到政府的认可，不符合国家相关法律法规的规定，绿眼睛就无法在民政局登记注册，无法成为独立的法人。

（三）对绿眼睛提供一定的支持

政府既具有强制性权威，同时也具有强大的能力权威。绿眼睛在与政府的互动中，积极利用和依靠政府的能力权威，在温州地区建立起自己的组织系统并动员了大量社会资源。绿眼睛之所以能取得现在的成就，与政府有关部门提供的各种资源密切相关。

"资源"的含义比较宽泛，对此，学者们有不同的界定。笔者在本书中将

“资源”归结为两大层面：一是实物性资源，如资金、人才、工作场地、办公设施、服务项目等；二是非实物性资源，包括制度供给、规范制定、合法性支持等。[①] 任何组织的运行都需要资源，资源对组织的生存与发展起着至关重要的作用。若将组织视为一个生命体，资源便是维持其生命的血液和能量。对于本书研究个案——绿眼睛——一个运作型的环保组织来说，这些资源是必不可少的。

政府部门给绿眼睛提供的资源主要有资金、办公场地、合法性支持三个方面。资金是社会组织生存发展的最基本资源。社会组织只有拥有一定的资金，才能购买办公设备、租用办公场地、支付员工的工资，各种活动的开展也都需要资金。资金匮乏或短缺将使社会组织无法正常开展活动，也难以吸引和招募专业人才的参与和加盟，并最终严重制约其生存和发展。对于不以营利为目的社会组织来说，资金是一种非常紧缺的资源，资金短缺也一直制约着我国非营利组织的发展。2002 年，苍南县环保局曾主动找到绿眼睛，给当时还没有正式注册、没有收据的绿眼睛召集了 10 多家企业，为其捐款 37000 多元，并建议绿眼睛以一个具体项目的形式开展活动。经过多方探讨，绿眼睛决定启动“救助流浪动物”项目，此后，绿眼睛便以“关爱动物环保教育中心”的身份开展以救助动物为主的活动。这个中国首个由青少年学生发起的动物救助中心取得了很大的成效。在当地一谈到动物救助的事，民众们就会竖起拇指对绿眼睛大加赞赏。绿眼睛也因此荣获国家级“地球奖”。如今，苍南县教育局每年为绿眼睛提供 8 万的资金，而绿眼睛负责苍南地区的中小学环境教育和免费接待广大师生参观野生动物救护站的工作；苍南林业局每年也为绿眼睛的野生动物救护站提供 5000 元的资助。

只有拥有相对固定的工作场所和一定的办公设施，社会组织才能开展

① 唐斌.禁毒非营利组织及其运作机制研究[D].上海：上海大学，2006.

专业的活动。绿眼睛作为一个民间社会组织，得到了当地政府部门为其提供的办公场所。苍南县团委的WZZ给绿眼睛提供了许多帮助。2003年，在WZZ的帮助下，县团委将县少年宫的一间办公室免费提供给绿眼睛作为办公地点。如今，绿眼睛在福建福鼎的办公室也是由当地的县团委免费为其提供的。

“合法性”是一个有着复杂内涵的概念，它不仅仅是指涉及法律之间的关系，更包括社会认可、接纳的内容。就目前我国的社会组织而言，其合法性除了法律认可，还包括政治、行政和社会文化传统的支持，因此北京大学的高丙中等研究者认为，中国社会组织拥有四个可以获得合法性的场域，即政治合法性、行政合法性、法律合法性和社会合法性四个维度，并指出社会组织要想成立，至少应符合以上一种合法维度，或依靠政治上达标，或依靠行政上挂靠，或得到社会支持，并进而符合法律程序。[①] 政府部门为绿眼睛提供的主要是政治合法性、行政合法性、法律合法性。政治合法性是一种实质上的合法性，它表明社会组织或其活动符合某种政治规范，即“政治上正确”。与西方社会不同，我国社会组织的兴起与发展不是为了批评现实或者是与政府部门进行对抗，而是在很大程度上对政府职能发挥着有效补充的作用，可以说是政府部门某种利益需求的产物。正是因为温州绿眼睛这样的环保社会组织在减少环境污染、保护生物多样性、实现人与社会可持续发展等方面具有重大的现实意义，政府才会允许其组建和运作，绿眼睛也因政府的选择和扶持而自然获得了政治合法性。作为对政府扶持的一种回应，温州绿眼睛在其章程中也将其宗旨明确界定为“遵守宪法、法律、法规和国家政策，遵守社会道德风尚；开展自然保护，促进公众参与，构建人与自然和谐发展”。行政合法性是一种形式上的合法性，其基础是官僚体制的程序和

① 高丙中.社会团体的兴起及其合法性问题[J]中国青年科技.1999(3):19.

惯例,其表现为行政机关的承认和参与。从其所包含的内容上看,社会组织的行政合法性又可以分为成立的行政合法性和活动的行政合法性。其中,成立的合法性意味着社会组织必须首先找到主管单位,然后才能申请注册为法人团体;而活动的合法性通常表现为其主管单位对其活动的同意和认可,这种同意和认可有多种不同的形式,大致有机构文书、领导人同意、机构的符号和仪式等。[①] 绿眼睛通过多方面的努力,终于得到了苍南县团委的支持,成为其"婆家"——业务主管部门,从而解决了绿眼睛合法注册中的一个大难题。法律合法性作为社团法人成立的最后条件和程序,它要求社会组织严格遵照法律的规定申请登记,登记管理机关则进行受理、审查、核准、发证和公告。由于绿眼睛解决了资金、业务主管单位,办公场所等问题,终于得以在民政局登记注册,在法律上成为一个独立享有民事权利、承担民事义务的法人实体。

绿眼睛想要生存和运作下去,就必须服从政府的权威。在与政府的互动过程中,其不仅不能对抗政府,还必须积极建立和维护与政府的关系,这是在我国这样的一个后总体性社会中不得不做出的选择。绿眼睛环保组织旗下的福鼎市青少年环保志愿者协会的成立正是政府部门干预的结果。福鼎市青少年环保志愿者协会前身是福鼎市绿眼睛环保志愿者协会,于 2006 年 4 月份在福鼎市民政局正式注册,由共青团福鼎市委主管。当时法人仍然是温州绿眼睛环保组织的创始人方明和,朱昌藏担任协会秘书长,当时算是温州绿眼睛环保组织拓展省外项目的第一个试点。直到 2013 年,福鼎团市委考虑到温州绿眼睛环保组织有境外资金收入,并多次被当地国安部门请去"喝茶",加上方明和当时也想把主要精力放在温州本地,最终跟福鼎团市委商量一致同意将福鼎市绿眼睛环保志愿者协会改为福鼎市青少年环保

---

① 高丙中.社会团体的兴起及其合法性问题[J]中国青年科技.1999(3):21.

志愿者协会。协会法人、会长均改为时任协会秘书长朱昌藏。对于绿眼睛来说，如果想要摆脱政府部门对组织的管控，势必会给组织的发展带来障碍。

二、对绿眼睛的行为分析

（一）绿眼睛对自身行动控制权力的部分出让

绿眼睛在与政府的互动中，把控制组织的部分权力让渡于政府，政府有对绿眼睛的各方面行为进行监督和控制的权力。这一方面表现在绿眼睛对国家各项法律法规的遵守和执行中，关于这一点，前文中已经进行了详细介绍，这里不再赘述。

《温州绿眼睛章程》的总则明确表述了绿眼睛的宗旨：遵守宪法、法律、法规和国家政策，遵守社会道德风尚；开展自然保护，促进公众参与，构建人与自然和谐发展。绿眼睛的章程也表明了，绿眼睛是在自觉地履行自己环保的承诺。绿眼睛的宗旨体现出其存在和发展与国家的和谐社会的发展思想是一致的，即通过实施青少年的环境教育项目，推动公民社会发展。这与国家的“人与社会和谐发展”的科学发展观完全吻合。绿眼睛最初的目标是“用绿色的眼睛关注身边的环境，用绿色的心灵守护纯净的自然”，后来改为“与公众一起，发展社会行动能力，以民间力量制衡不公平、不公正的环境公共事务，实现人类的可持续生存”，这表明绿眼睛希望通过组织的运作来促进社会的发展，这一宗旨也表明绿眼睛具有政治合法性，符合我们国家意识形态的要求，可以说，这是绿眼睛在与政府互动中主动出让自身行动控制权的表现。

与此同时，绿眼睛转让自身行动控制权还表现为响应政府的号召，进而得到政府的支持。在 2005 年开展的“青少年环境教育”项目中，绿眼睛把温州政府"创建生态温州,培养生态小公民"作为项目实施的背景,获得了教育局对项目的资金支持和政府部门对绿眼睛的认可。

通过响应政府部门的号召,绿眼睛环保公益项目的实施获得了合法性,进而使绿眼睛拥有了大量符号资源,获得了社会公众的广泛参与和支持。绿眼睛是一个环保社会组织,组织所开展的环保项目本来应该根据具体的社会需要由其自己来决定,而不应该根据政府部门和政府官员的需要来开发。但在我国社会现实中,政府部门和政府官员的行为往往会引来社会公众的广泛关注。因此,绿眼睛在环保项目的开发和执行上需要迎合政府部门和其行政官员的需要,在很大程度上转让自身行动权力于政府。在与政府的互动中,其必须主动迎合政府的需要,并甘愿担当受动的一方,以获取组织的政治合法性和行政合法性。绿眼睛也在组织的宣传单页上将其与政府的关系定位为"绿眼睛已成为协助政府监督环境问题的眼睛。"

(二)绿眼睛的选择余地

一般来说,社会组织都有自己组织的特定宗旨,侧重于社会某一方面的发展。和政府部门相比,社会组织对有些问题的反应更灵敏,解决问题的效率也更高。绿眼睛就把"救助野生动物"作为组织的主体环保公益项目,该项目将野生动物、环境与人类可持续发展联系起来,以野生动物作为组织公益项目的出发点。

绿眼睛在温州成立了中国沿海地区首支"野生动物志愿救助队",打击贩卖、滥杀野生动物的非法行为,配合政府部门抓捕犯罪分子,救助过上百只受国家重点保护的野生动物,同时还协助政府建立了鸟类自然保护区,使上万只野鸟的生命得到了保障;在每年的重大环境类节日里,绿眼睛启动主题月活动,发动学生和民众采取行动,从关注生态、关心社区、关爱动物三个方面入手来保卫家乡的自然与人文环境;发起拯救黑熊行动,通过媒体把"活熊取胆"的残忍行为予以曝光,并成立了"绿眼睛拯救黑熊基金",引发了全社会对黑熊及动物福利问题的关注；在各地建立野生动物巡查网络；拯救近200只无家可归并陷入困境的流浪动物，为它们提供国际标准的动物福利待遇，并为之寻找新的主人等；启动中国北部红树林项目，开展红树林的监护、科研和宣传教育活动等。绿眼睛如今所拥有的最重要的资源是符号资源，其有助于绿眼睛社会合法性的取得。正是社会公众的广泛支持，增加了绿眼睛在与政府互动中的筹码，使得政府不能忽略绿眼睛所拥有的资源，也让绿眼睛的社会行动更具能动性和主动性。

绿眼睛还通过组织的社会资本来影响政府的一些政策决议，政府相关部门也会响应。在2006年的温州政协会议上，温州绿眼睛环保组织提交的《关于改善鳌江水环境的提议》得到了政协委员的广泛认可，温州环保局非常同意这一建议，表示会尽快将其落实下去。在当地政府的有关政策法规的制定中，绿眼睛由于自身的社会影响力和公信力，在环保方面具有发言权，推动了政府有关法律法规的出台。

第二节　绿眼睛与政府部门的互动关系

我国社会组织兴起运作的环境和条件与西方社会不一样，社会组织的成功运作有赖于政府的认可，有些社会组织需要政府提供开展活动的各种便利条件，如资金、人才、信息等资源，来开拓组织发展空间，壮大组织力量，从而更好地开展各种活动。因此，我国社会组织与政府的关系不可能是对抗的方式，而是更多地表现为对政府的尊重、信任和支持。这样，社会组织与政府各得其所，形成互补互利的格局。“政府接受非政府组织自主权、独立权和倾听非政府组织的意见，非政府组织则协助政府实施国家计划、政策和规章，共同从事社会发展活动。”①

环保活动需要各方面的力量参与其中，绿眼睛的组织宗旨和性质决定了其在这当中扮演一个协调者的角色，即将各方面的力量和资源整合起来，形成合力，从而有效地开展环保活动，实现人类可持续发展的目标。可以说，在确保环境保护与可持续发展的战略上，绿眼睛环保组织与政府之间没有根本性的利益冲突，其价值理念是一致的，这就为绿眼睛组织与政府之间的合作提供了现实的可能性，但绿眼睛在组织使命和价值追求上毕竟不同于政府，政府在作出相关决策时，或多或少地会偏重于经济利益与近期需要解决的社会问题，这样，国家整体利益与地方局部利益、当代利益与下代利益之间的矛盾与冲突在所难免。此外，政府各个部门作为相对独立的行动主体，它们在环保方面往往具有不同的利益需求和目标，因此，它们在与绿眼睛环保组织进行环保合作的同时，也与其存在不同形式的冲突。政府部门和绿眼睛组织在环保活动这个特定的“场域”存在着复杂的互动关系。

一、绿眼睛与县团委、教育局之间的互动关系

在政府部门与绿眼睛的合作中，一般是政府提供资金、场地，绿眼睛环保组织负责项目的筹划和实施。环境教育项目一直是绿眼睛的一个特色主打项目，也正因如此，绿眼睛环保组织将首个名为“绿眼睛环境教育”的项目设立于温州市苍南县。目前该项目直接实施地区已拓展至温州市鹿城区、瓯海区、瑞安市、平阳县、乐清市、永嘉县、福建省福鼎市等地，并先后设立了6个项目中心办公室，指导各地2000多名青少年和社会志愿者开展环境文化运动。绿眼睛开展的环境教育项目包括：奔赴各地校园、社区举办环境教

① 赵黎青.非政府组织与可持续发展[M].北京：经济科学出版社，1998：112.

育流动展，让十万名学生和群众第一次认识到环保的重要性；开展国际合作，将先进的国际环境教育模式"Roots & Shoots"项目引入本地，在短短的几年间在全国各地的100多所学校共建立了200多支绿眼睛项目团队，参与成员遍布小学至大学，另有上百名各界人士组成各种专业委员会和成年志愿队；举办环保讲座、在环保主题月进行广泛的环保宣传，在广播电台制作环保节目，开展流动生态教学车等。绿眼睛在当地的环境教育项目开展得有声有色，社会影响广泛，引来政府有关部门的关注。苍南县团委和教育局主动联系绿眼睛(到目前为止，绿眼睛与当地政府的许多部门都有合作，绿眼睛从未主动向政府部门提出帮助的要求[①]，通常都是政府有关部门来找绿眼睛做事，然后提供一些经费。即使政府部门没有提供经费，只要与环境有关，绿眼睛也同样会做[②])，想与其合作，为其提供部分资金和场地支持。苍南县团委看重的是绿眼睛可以培养青年志愿者的社会责任感。绿眼睛环保组织作为社会组织，没有什么资金来源，但是有很好的组织网络，这正是县团委所缺乏的。笔者在调查中采访了苍南县县团委的几位负责人SGCZ(团委书记)、LCL(团委书记)、ZLY(团委书记)，通过他们的介绍，笔者对绿眼睛与团委的合作模式有了更多的了解。苍南县县团委对绿眼睛的支持始于其在2001年获得"福特环保奖"，之后，那时绿眼睛得到了媒体的大力宣传，《苍南都市报》最先以"苍南学生喜获国际环保奖"为题进行了报道，引起了县团委的关注。

> 团委负责人告诉笔者，与绿眼睛的合作在于其组织定位于环保教育，对学生进行环保知识的宣传可以让学生得到很好的锻炼等方面，这些对社会产生了正面的影响，很有社会意义。

---

① 绿眼睛组织出于保持组织独立性的考虑，担心主动提出要求政府部门会有些附加条件。

② 绿眼睛考虑到这样做有利于搞好组织与政府部门的关系。

因此，县团委愿意与绿眼睛就青少年环境教育方面进行合作，绿眼睛与县团委的工作目标基本上是一致的。县团委有经费，绿眼睛有人力，可以承担团委的一些工作，双方合作是双赢，团委会让绿眼睛有空间去自主发展，在具体项目的实施上不会过多干预。在绿眼睛最初的注册路中，县团委愿意作为共主管部门，虽然知道作为其主管部门，还是有一些风险的，安全部门就曾到县团委了解情况，但团委认为绿眼睛不会与境外组织有不正当的接触，在政治方向上是正确的。绿眼睛学生志愿者动员方面现在也很少做了，主管部门觉得太多的学生志愿者参加，容易出事。另一方面，绿眼睛在接受境外机构的资助时，也要考虑该组织是否是我国政府允许的，以及能否在中国境内开展活动。比如，一直对绿眼睛进行资助的美国太平洋环境组织，最近因为组织的负责人更换了，对中国的政策有变，导致政治上存在一定的风险，绿眼睛也就主动终止了与其的合作，不再接受他们的资助。

在调查中，笔者也了解到县团委对绿眼睛的一些评价：最让他们最感动的是绿眼睛的执着精神，从组织创立之初，创始人方明和就顶着巨大的压力，后来终于挺过来了，才有了绿眼睛今天的成就。绿眼睛环保组织所做的环保事业，对中国和谐社会的建设非常有意义；对青少年具有正面的教育意义和积极引导的作用，学生通过绿眼睛的活动了解社会，学到书本上学不到的东西，更具有社会责任感。绿眼睛的能力很强，如他们的沟通和演讲、管理组织能力、学习能力等，他们这些政府部门的工作人员很多都自愧不如。希望绿眼睛环保组织能过一直坚持做下去，能够加强专业性，成为不带政治色彩的民间环保组织。

县团委负责人也一再表示，在未来的合作中，还会继续加大对绿眼睛的扶持力度。在需要时，给予其协调和支持，包括经费上的支持和精神上的鼓励。

2009年3月份，苍南县教育局也找到绿眼睛，想与其在环境教育方面进行合作，教育局每年为绿眼睛提供一部分资金支持和将一些废弃的校园作为绿眼睛野生动物保护教育基地，要求绿眼睛定期到苍南县各中小学开展环境宣讲教育活动和环保图片展，负责编写环境教育的乡土教材；野生动物保护教育基地免费向各中小学师生开放，接待其参观，并介绍野生动物保护方面的知识。绿眼睛的苍南行政专员立即开始起草项目计划书，经费预算为50万元～60万元。教育局最终也与其签订了合同，可是只承诺给8万元的经费支持。绿眼睛认为这个项目与绿眼睛的环保宗旨是吻合的，也就积极开展活动，可后来教育局的人事发生变动，原来与绿眼睛合作的官员调离岗位，这个8万元的经费迟迟不能到账，而野生动物保护教育基地实际上也没有建立起来，虽然教育局将废弃的校舍批给绿眼睛做基地，可是组织根本没有人手来做一块，教育基地也就成了空架子。可以说，绿眼睛与政府部门之间并没有建立稳定的、制度性的互动关系，二者之间的关系往往受到政府官员的影响，政府部门的人事变动会影响到政府部门与绿眼睛的合作项目。

绿眼睛苍南办公室的行政专员LBB告诉笔者，自己印象最深的就是这次与教育局的合作，不但项目计划书要改来改去，经费的预算也要计划得很详细。最后，项目实施完后，经费报销需要这个领导那个领导的签字，少一个也不行呀，感觉跟政府部门打交道，往往太程序化了，很死板。而且，这次因为教育局的人事变动，经费到现在也没有落实。

二、绿眼睛与环保局的互动关系

不同的政府部门由于其职能的差异，在环境保护中所持的价值理念会有不同。经济部门往往从提高经济水平和增加GDP上考虑问题，时常与绿眼睛的认识有较大不同而出现分歧，产生矛盾。这一点在温瑞河的整治和鳌江水环境项目的开展中都有突出的反映。民政部门、林业部门、环保部门则更多从生态和环保角度考虑问题，与绿眼睛的认知基本上趋于一致。

绿眼睛与环保局的合作也始于组织名气的扩大，创始人方明和随着组织知名度的提高，个人也在当地小有名气。环保局早在 2002 年就曾主动找到绿眼睛，给当时还没有正式注册、没有收据的绿眼睛召集了 10 多家企业，并为其捐款 37000 多元，同时建议绿眼睛以一个具体项目的形式开展。经过多方探讨，绿眼睛决定启动“救助流浪动物”项目，此后，绿眼睛便以“关爱动物环保教育中心”的身份开展以救助动物为主的活动。

笔者在调查中，对苍南县环保局宣教科的 LC 科长进行了访谈。LC 科长告诉笔者，与绿眼睛的合作始于 2003 年 6 月 5 日“世界环境日活动”的联合举办。在绿眼睛刚开始创办的时候，外界许多人都不看好，也不理解，认为正在读高中的方明和做环保是不务正业。

但随着绿眼睛开展了许多活动，获得了许多环保奖后，外界包括环保局对绿眼睛的认识也慢慢改变了。环境教育一直是绿眼睛的一大特色项目，组织认为环境应该从娃娃抓起，环保应该走进学校。环保局对绿眼睛的真正认识始于与绿眼睛合作创办绿色学校。在绿色学校的讲台上，方明和以自己的朴实的语言和无私的行动影响了同龄人，也改变了那些质疑的声音。在绿色学校的创建中，绿眼睛功不可没，环保局的负责人认为绿眼睛如今是环保的招牌，这个招牌不仅属于苍南县，同样也属于温州市，是温州的示范性社会组织。但是，对这一角色的定位，绿眼睛环保组织的态度是矛盾而复杂的。一方面，作为政府的示范窗口单位，绿眼睛能够迅速扩大组织在国内的知名度和影响力，这为组织进一步获得更多的资源和支持奠定了良好的基础；但是另一方面，组织需要接待来访参观的巨大工作量耗费了大量的时间和精力，已经在某种程度上影响到了组织其他活动的开展。

三、绿眼睛与林业局的互动关系

绿眼睛与苍南县林业局最早的合作是2001年的“爱鸟周”活动，当时普通老百姓甚至连环保的概念都没有，而只是个高中生的方明和却壮着胆子和苍南县林业局一名工作人员提出在4月份开展“爱鸟周”宣传活动的建议，该建议立即得到了相关领导的支持。活动进展得很顺利，林业局的局长也到了活动现场，《苍南都市报》（当地县报）也专题报道了此次活动。

绿眼睛作为一个环保社会组织，在开展活动中往往仅从环保的角度出发，必然会触及到某些政府部门的不作为行为，引起政府的不满。2003年，绿眼睛曾发起拯救黑熊行动，通过《党报热线》等媒体把“活熊取胆”的残忍行为予以曝光，并成立了“绿眼睛拯救黑熊基金”，引发了全社会对黑熊及动物福利问题的关注。但当地的林业局觉得这样的报道影响到外界对林业局的看法，认为林业局监管不到位，是他们的失职。于是林业局的有关人士找到绿眼睛，让他们不要过度揭露这些事情了，林业局会妥善处理的，以后做一些事情要事先向政府部门请示，这样林业局才会一如既往地支持绿眼睛的其他活动。类似的事件还有不少，于是绿眼睛慢慢改变了策略，有活动计划主动向政府部门请示，或者有些事情尽量不让政府知道。

方明和无奈地告诉笔者：“在中国做非营利组织，就必须与政府合作，组织才能发展壮大，否则就有取缔的危险呀！”

如今，没上过大学的方明和比同龄人更早认识社会。通过环保活动，他渐渐明白，做事光有激情和斗志不行，还得掌握"社会游戏规则"。有一天晚上，为了将平阳萧江一"野味馆"绳之以法，他知道请不动当地林业警察，就直接打电话给市林业局局长，后来平阳林业部门问是哪家时，他还保密，以防一张"关系网"既危害了动物的生命，又伤害了国家法律的尊严。可以说，绿眼睛在应对这一冲突的策略只是逃避和接受政府的权威，这是社会组织在"后总体性社会"中采取的一种保守被动的策略，也是组织防止被取缔的无奈选择。

绿眼睛的野生动物保护项目是绿眼睛的特色，组织的成立也源于方明和对动物的喜爱。因此，绿眼睛一直将野生动物保护作为组织的重点项目来抓。绿眼睛的"打击野生动物非法贸易直接行动"项目在国内的民间环保运动中走在了前列，同时和当地林业局联合成立了中国第一支"民间野保队"。林业局为绿眼睛提供了一辆野生动物巡查车，并配有警灯，这意味着在突发情况下，该车享有警车的特权，一路畅通无阻。组织还通过开通"野保热线"电话和组织志愿者形成监测网络，对于任何一处非法贩卖野生动物的场所进行检举和打击，并将犯罪分子直接扭送至公安机关。绿眼睛仅在2005年1月至2006年8月一年半时间内共协助林业公安部门破获破坏野生动物的违法案件25起，其中抓获6人，立案4起；配合政府部门打击贩卖、滥杀野生动物的非法行为，抓捕犯罪分子，救助受国家重点保护的野生动物上百只，同时还协助政府建立了鸟类自然保护区，使上万只野鸟的生命得到了保障。绿眼睛组织也因此而获得众多环保大奖和国内外社会的广泛关注与支持。绿眼睛环保组织虽然与政府部门在环保方面没有根本的利益冲突，但在处理事情的方式、做事的效率等方面还是有或多或少的摩擦，让绿眼睛的工作人员苦不堪言：

苍南野生动物救助站的CFL向笔者诉苦道："有一次我去林业局

报销项目经费，需要林业局的一位领导批示。我找到该领导，他说不是他签字，让我找别人。我跑了好多次，最后还是那位领导签的字，真的很郁闷呀！”他告诉笔者，还有一次他们接到举报电话，说从瑞安往温州方向的一辆安徽牌照的货车上装满了猫，希望绿眼睛前去解救。绿眼睛立即给瑞安的林业局打电话，可他们说这不属于他们的管辖范围，让他们找温州市林业局，结果温州市林业局也给出同样的答复：不属于他们管辖，让绿眼睛自己想办法。最后，绿眼睛只好放弃了，因为组织根本没有执法的权力将货车扣押。

笔者也对苍南县林业局的有关负责人进行了访谈，对于绿眼睛的工作情况及未来的发展走向，负责人也谈了自己的一些看法：

林业局的C科长告诉笔者，现在野生动物受伤了，一般都由绿眼睛去救护，治好后放飞。绿眼睛的工作人员还经常去菜市场上收集线索，然后采取行动。他们还经常开展演讲，用人们喜闻乐见的方式宣传环保理念，使得环保理念深入人心。C科长认为绿眼睛今后还要从三个方面进行努力：一是扩大影响，加大宣传力度；二是扩大野生动物保护的范围，不能总是小打小闹；三是组织需要招募学环保的专业人才。林业局对绿眼睛的支持在未来主要集中在以下三个方面：一是政策倡导，帮助找一些人大代表提交提案，争取财政有专门的预算；二是林业局管的是山山水水，未来可以给绿眼睛辟一两个山头，搞经济林，搞农家乐，搞生态农业和旅游；三是把一些退休老干部的力量引入绿眼睛，他们有时间、有人脉资源可供利用。

笔者担心，这种帮助固然为组织提供了许多资源，但这样的合作肯定会影响到组织的宗旨和独立性，关键要看绿眼睛在这种合作中如何选择了。绿眼睛现在的委员里面就有许多是政府的退休官员，组织的负责人告诉笔者，请他们当委员，主要也是希望在关键时候能用上他们的人脉关系。

从绿眼睛与这些政府部门的互动合作中可以看出，政府主要是利用绿眼睛组织的一些项目与政府部门的职责相一致，政府需要通过绿眼睛的社会影响力和工作人员等来完成仅靠政府部门很难完成的任务。绿眼睛在与政府的互动中，一直告诫自己：组织自身能解决的问题尽量自己做，不能为了寻求政府的帮助而牺牲了组织的独立性；组织能为政府做点事，承担一些责任和工作，尽量做，这也是组织公关的需要。在这一前提下，绿眼睛有时不得不牺牲为会员提供更多服务的机会来建立良好的关系，但同时组织也始终强调和坚持自身的草根性和独立性。绿眼睛从 2005 年开始与政府的合作逐渐增多，与政府的合作扩大了绿眼睛的影响力。

如今，绿眼睛环保组织与政府的关系也进入一个新的阶段。以前绿眼睛只是个普通的志愿者团体，现在随着绿眼睛社会影响力的扩大，政府部门经常就一些与环保相关的问题向其进行咨询，绿眼睛的话语权得到了重视，组织也被温州市环保局评为温州市运作最好的民间组织。

第三节　绿眼睛的自我调适：组织与政府互动的策略

不论是当地政府，还是经济职能部门，一旦涉及生态保护与经济发展问题，对绿眼睛环保组织提出合理意见和批评会感到不好理解，容易引发绿眼睛与当地政府或经济职能部门之间的直接对抗。为了实现绿眼睛环保组织的环保宗旨和价值理念，绿眼睛环保组织与政府的关系既合作又矛盾，反映出互动策略的复杂性和多样性。绿眼睛与政府互动的策略可以概括为以下几个方面：

一、走迂回路线，借他人力量实现组织目标

(一)通过民主党派人士、人大代表和政协委员表达意见，递交议案，发出呼吁

2004年3月，绿眼睛通过团市委向有关政府部门提交了《关于创建生态温州，培养生态小公民，大力扶持绿眼睛环境教育辅导机构的建议》。在该建议中，团市委认为绿眼睛的知名度和能力可以让其在"绿色学校"的创建中发挥校外环境教育的辅导机构，但是作为全市唯一的校外环境教育辅导机构，其生存问题仍然没能得到解决，因为缺乏运转资金和工作的场地，使得他们在全市的工作难以开展。主要是因为像绿眼睛这样非营利性公益机构工作的开展需要政府部门的大力扶持和资助。所以，团市委向有关政府部门提出了"为培养温州生态小公民，应大力扶持'绿眼睛'环境教育辅导机构"的建议。该建议希望：(1)有关部门应从宣传教育经费里拨出一部分作为"绿眼睛青少年环境文化(教育)中心"的项目资金，从而使绿眼睛有经费为温州上百万的青少年开展特色环境教育辅导工作。(2)建议各(市)县的相关部门为绿眼睛提供办公场地(如青少年活动中心、少年宫等)，利于工作做到细处。(3)有关部门应该正确引导学校的环境教育模式，应该与绿眼睛等校外环境教育辅导机构密切地合作，如每学期组织学生参加绿眼睛的特色环境教育课程等，使学生在大社会、大自然的课堂里形成可持续理念和正确的环境价值观，而不是仅仅局限于校园内的课本知识。2004年6月，市政府给该提案做了答复，答复中认为，温州各级环保部门已经尽力为绿眼睛提供了各种便利，在以后的发展中，还将从以下三个方面提供扶持和帮助：一是向市政府争取生态市建设专项资金，并从中划拨相应的环境宣传教育经

费，用于支持绿眼睛环保组织开展特色环境宣传教育工作。二是在短期内想方设法帮助绿眼睛解决办公场地紧张的困难。三是大力扶持“温州市绿眼睛环境文化中心”以及各地分中心的设立和运行，并将这项工作与温州市目前正在普及的“绿色学校”创建活动相结合，通过绿眼睛的活动和其他各种途径，将正确的环境教育模式和理念引入学校，使温州市广大群众的环境意识得到持续提高，为温州创建全国环保模范城市、开展生态市建设创造条件。这样，凭借着民主党派、人大代表、政协委员的身份，绿眼睛环保组织传递着自己的声音，这种声音更具有社会的代表性，易引起政府的重视，从而获得官方的帮助。

（二）邀请政府官员或离退休干部为组织委员会成员

绿眼睛积极邀请政府官员加入绿眼睛，成为绿眼睛的顾问或委员。这样能增加组织的人脉资源，为组织与政府互动创造有利条件。

（三）通过专家学者发表对环境保护的意见，从而起政府的重视

由于绿眼睛环境保护组织的负责人和工作人员并不熟悉环境保护的专业知识，因此需要借助环保专家的力量来发声。绿眼睛目前正在实施的鳌江水环境项目就是运用这个策略开展的。2008 年，绿眼睛得到了美国太平洋环境组织对其鳌江水环境项目的经费支持。绿眼睛通过组织大学生志愿者（主要是环境专业的学生）对鳌江水环境进行调查，再将调查报告送给当地的环保部门，希望引起他们的重视，推动鳌江水环境的改善。

（四）借助媒体与社会公众的力量，给政府施加压力，发挥最大效用

绿眼睛环保组织对环保事件的关注，有的直接向政府反映，有的在向政府发出呼吁的同时，又通过媒体进行报道，引起公众关注，形成社会舆论，使政府感受到社会无形的压力。2009 年 3 月，广州的护士鲨事件的妥善解决，正是借助媒体的力量，让本未列入《国家野生动物保护法》的护士鲨免遭宰

杀，被送往广州海洋馆。2009 年 3 月，绿眼睛志愿者通过走访得知，一家酒楼将于近日宰杀一条护士鲨，食客有 70 来人。绿眼睛立即组织志愿者到该酒楼请愿，希望他们不要宰杀护士鲨，同时将这一消息告知各大媒体。通过新闻媒体报道，广州渔政支队获悉后，立即组织执法人员迅速赶赴现场进行调查处理。最终，在广州渔政支队的干预下，该酒楼决定无偿把护士鲨捐给广州海洋馆。当然也有另外一种情况，那就是绿眼睛环保组织先向政府有关部门反映情况，在效果不明显的情况下，再通过媒体向公众披露，督促政府引起重视。

（五）利用国际会议和国际组织的影响力，表达对环境保护的关注

在众多的环境保护问题上，有的属于一个国家的内部事务，有的则与邻国和相应的国际组织有关联。对民间环保组织来说，如何借助外力，引起政府有关部门重视，而又不引起政府的反感，就需要把握好尺度了。2009 年 3 月 19 日，原本来温州查看鳌江水环境项目执行情况的美国太平洋环境组织的中国项目总干事 David 和李秀敏女士，在绿眼睛组织的安排下走访了苍南市教育局，并与教育局有关领导进行了座谈。笔者刚好参加了这次座谈，但笔者认为根本没必要安排这样的座谈会，因为教育局又不关心鳌江水环境项目的执行情况。事后，笔者问方明和为何要安排他们见教育局的领导，他告诉笔者，是想通过太平洋环境组织的力量扩大绿眼睛的影响。教育局会觉得绿眼睛能与国际环保组织合作，实力和知名度方面肯定是不小的，这将有助于教育局与绿眼睛合作，教育局会加大对绿眼睛在青少年环境教育项目上的投资。在一些环保问题上，有些需要借助国外环保组织共同努力才能解决。

二、迎合政府需要，改变组织宣传宗旨

绿眼睛有时为了迎合政府不同职能部门的需要，经常改变组织的宣传

宗旨。宗旨是组织赖以生存和发展的重要基础与基本动力，对于非营利组织就更为重要。而绿眼睛环保组织与不同的政府部门合作，对其的宗旨表述往往会有很大不同。绿眼睛在与当地教育局的合作中，将组织宣传的宗旨定位为：通过环境与发展教育，赋权青年，在青少年中播种公民社会之理念，为中国培养未来的草根行动者。而绿眼睛在与环保局的合作中，则将宣传宗旨定位为：与公众一起，发展社会行动能力，以民间力量制衡不公平、不公正的环境公共事务，实现人类的可持续生存。绿眼睛的负责人是这样跟笔者解释的："不同的政府部门工作的重点不一样，我们也只能迎合他们的需要。而且这只是组织对外宣传的宗旨，在大的方面也没有脱离环保工作，这样的改变我们组织还是能接受的。"

三、批评和行为干预

鉴于大量的环境破坏事件是在政府行为不当的情况下进行的，绿眼睛环保组织不得不对政府行为提出批评，通过干预，使政府纠正不当行为。2003年，绿眼睛曾发起拯救黑熊行动，通过党报热线等媒体把"活熊取胆"的残忍行为予以曝光，并成立了"绿眼睛拯救黑熊基金"，引发了全社会对黑熊及动物福利问题的关注。同时，人们也把矛头指向了林业局，认为他们监管力度不够，才会让"活熊取胆"这样的事情发生在温州。温州林业局对此很快做出了反应，加大了执法力度。

四、与环保部门密切合作

绿眼睛与环境保护部门密切合作，互通信息，达到了"内外配合"的效果。环境保护部门拥有相对完整的环保信息，它与其他政府部门之间是一种合作关系，只能从自身的工作职责出发来表达意见。一旦在行使环保职能处于不利地位时，环境保护部门就会通过各种渠道让民间环保组织获知相关信息，而民间环保组织可以动用其他的媒体资源和高层领导资源，因此，民间环保组织与环境保护部门优势互补，互通信息，共同合作。温州母亲河温瑞河的整治工作的开展正是在绿眼睛等民间环保组织与温州市环保局共同努力下，才促使政府下发专项文件，对温瑞河进行全面整治的。

五、开展活动，扩大影响

绿眼睛通过开展活动，扩大社会影响，从而增加组织与政府部门交换资源的筹码，这一点在绿眼睛追求合法注册、寻找“婆家”的过程中得到了充分的体现。2002 年 4 月，在“温州市志愿服务先进集体”的颁奖大会上，绿眼睛引起了省市级共青团组织的重视。会后，苍南团县委书记向方明和提出了“正式注册”的问题，并有意将绿眼睛“收编”至团系统下属的“青年志愿者协会”。通过多次磋商，团县委决定让绿眼睛以环保团的名义挂靠在“苍南县青年志愿者协会”名下，并保证绿眼睛项目运作的绝对自主权，但由于各种原因，这一承诺一直未以正式文函的形式传达，因此绿眼睛继续以“绿眼睛·根与芽”的名义开展活动。2002 年底，绿眼睛决定启动“救助流浪动物”项目，此后，绿眼睛便以“关爱动物环保教育中心”的身份开展以救助动物为主的活动。这个中国首个由青少年学生发起的动物救助中心取得了很大的成效。绿眼睛也因此荣获国家级“地球奖”。2003 年 3 月，绿眼睛获得“浙江省志愿服务杰出集体”，方明和便以此为契机向团县委提出正式批复“绿眼睛环保团”的建议，很快绿眼睛拿到了首枚正式公章——“苍南县志愿者协会绿眼睛环保团”（法律上定义为二级社团），同时还成立了中国首个在民间组织内部设立的团支部。通过这些努力，绿眼睛为自己合法注册找到了“婆家”(业务主管单位)。

从绿眼睛与政府互动的关系和策略来看,组织的互动策略一方面是扩大自身影响、增加与政府谈判的筹码;另一方面,组织通过调整自身行为,满足政府社会控制的需求。总之,无论组织采取何种策略,目的都是为了缓解其与政府之间的张力,实现组织的环保宗旨和理念。

第四节　小结

绿眼睛在与政府的互动中,二者处于明显的权力不对等地位。一方面,政府经常可以通过垄断性地制定规章制度,单方面决定绿眼睛的生存空间和行动权利,以满足政府对绿眼睛的控制需求。另一方面,政府又要依赖绿眼睛获取民间资源,让其提供环保公益产品。绿眼睛往往需要通过扩大自己的社会影响力和知名度以获得社会资本,进而作为筹码与政府互动。绿眼睛的注册过程,正是一步步地通过各种努力,采取诸种策略,获得社会合法性,进而获得行政、政治合法性,最终成功。对于社会组织尤其是没有正式注册的社会组织,社会公信度是非常重要的。绿眼睛在取得“民间注册”的基础上,成功抓牢了各种机遇(如获奖),先求得政府职能部门(团县委)对社团的理解和认可,寻求最大限度上的合作,同时结合团队自身特点,在不影响大目标的情况下做部分策略上的调整(如与团委合作建立团支部),迎合相关政策的支持,以达成取得“合法身份”的目标。但是,在这一过程中,绿眼睛也需要保持清醒的头脑,与职能部门不能过分亲密,因为这种合作是把双刃剑,既是机遇也是挑战,是依旧保持自主管理的草根特色还是成为生硬刻板的泛泛之流,就看这种合作是否建立在团队始终坚持宗旨明确、目标坚定的基础之上。在政府与社会组织互动的过程中,社会组织的自主性非常重要，如果社会组织过分依赖政府，尽管政府也依赖社会组织，但这种依赖关系是不平等的——社会组织很难保持组织独立性。在绿眼睛与政府实际的合作中，由于政府给绿眼睛的资金支持不多，往往只是一些象征性的项目资助，因此绿眼睛在项目的具体执行中拥有很大的决策权。

如果一个组织非常需要一种专门知识，而这种知识在这个组织中又非常稀缺，并且不存在可替代的知识来源，那么这个组织将会高度依赖掌握这种知识的其他组织。[①] 政府为社会组织提供的行政合法性、法律合法性是不可替代的。但政府却很少依赖社会组织来提供公共服务，主要还是依赖自身的资源和事业单位来提供，从资源依赖理论的角度来看，目前绿眼睛环保组织与政府部门间是非平衡的依赖关系。绿眼睛环保组织对政府的资源依赖有政策法律、资金等的诸多依赖，是绿眼睛为争取自身的生存空间而表现出来的依赖；而政府很少依赖绿眼睛组织来实现其公共服务的目标。社会组织主要依赖政府完善相应政策法规和政府特定的政策改变来实现自己的发展目标（组织活动目标的实现），这种资源依赖表明，很多时候民间组织的目标实现，其评判标准不是民间组织对社会的服务质量，而是依赖于政府某方面政策法规的出台或改变。[②]

此外，政府的资金支持、购买社会组织提供的服务，给社会组织的物质和精神奖励等，这些很多时候都带有偶然性，能否获取政府的资金，更多来自组织的公关能力，而不是组织实际提供公共服务的能力。显然，绿眼睛环保组织与政府合作关系的前提主要是领导人的认可（如绿眼睛获得县团委的 YDJ 支持等）。如果没有领导人的同意和认可，公民参与就不可能引入。由于民间社会组织缺乏表达意见的制度渠道，这样，在使用表达意见的渠道

① 马迎贤.组织间关系：资源依赖视角的研究综述[J].管理评论，2005(2)：55.

② 汪锦军.浙江政府与民间组织的互动机制：资源依赖理论的分析[J].浙江社会科学，2008(9)：31-37.

选择时，往往会选择私人关系。“还有一个问题是，政府的决策绝大多数还是不对外公开，外界并不知晓其过程，也难以确定是哪种因素起着决定性的作用。”[①]尽管民间社会组织在与政府的互动中，在政府决策活动中实际上起着一种信息沟通和咨询参与的作用，但这种作用尚未制度化，在现有的决策制度安排中，也没有将民间环保组织作为决策参与者的身份加以确认。这就给社会组织与政府之间的互动关系带来了不稳定因素——双方的关系很难进行有效预期。社会组织对自身的发展和所能发挥的作用仍感到担心和疑虑。

> “我们可能某一次在与政府的互动中取得了政府的支持，但在下一次活动中会是怎样的结果就很难预料了。”绿眼睛的负责人方明和不无担忧地跟笔者说道。

从绿眼睛环保组织与政府之间的互动关系来看，笔者认为我国社会组织与政府的互动关系只有通过制度性的规定才能使双方关系规则化，减少随意性，避免决策失误。“制度制约确定了个人的机会集合，它是正规制约和非正规制约的组合，它们构成了一个内在联系的网络，通过各种组合确定了各种逻辑下的选择集合。”[②]而这种制度性的规定也有助于社会组织保持独立性。

---

① 唐建光.中国非政府组织正在走向前台[J].新闻周刊，2004(24)：20.

② 道格拉斯·C.诺斯.制度、制度变迁与经济绩效[M].刘守英，译.上海：生活·读书·新知三联书店，1994：92.

第五章　绿眼睛与媒体的互动

在我国社会经济转型过程中，有各种社会力量参与到社会发展的历程中，社会组织是其中重要的一支，已登上了我国历史的舞台。它的生存与发展除了它自身的条件和基础外，还需要借助多种力量，其中之一就是大众传播媒体。广播电台、电视台、报纸、期刊和新闻社是传统意义上的大众传播媒体，随着计算机技术的发展，互联网也日益成为大众传播媒体的重要一员。大众传媒在非营利组织的兴起发展、组织活动的开展等方面发挥着重要作用。本书的研究个案——绿眼睛环保组织在其发展过程中，和大众传媒有着重要的互动，绿眼睛也一直注重与媒体的互动。本章将重点介绍绿眼睛与媒体互动中的合作、冲突情况，绿眼睛在这种互动中采取了怎样的策略以获得媒体的帮助从而推动组织的发展，以及在两者的互动关系中，绿眼睛处于什么样的位置。

第一节　绿眼睛与媒体的互动行为

尽管许多人担心媒体的报道会有负面影响，但至今为止媒体一直是绿眼睛的福星。如果没有媒体的报道，绿眼睛环保组织就不会有如今这样大的影响力，组织也就不会招募到大量的志愿者。中央电视台、新华社、浙江卫视、日本 NHK 电视台、美国国家地理频道、温州各种媒体、南方周末、中国环境报、浙江日报等几十家媒体对绿眼睛都作过采访和报道，引起了社会的极大关注。2004 年，绿眼睛在全省首开先例，与温州广播电台长期共同主持环保节目“绿眼睛——青年的榜样”(每周三晚 20:00—20:45，温广经济台)，通过空中之声将环保信息传到千家万户。绿眼睛与温州电视台合拍的两次环保纪录片《绿眼睛环保心》与《绿眼睛环保情》，取得非常好的社会效应。

第一个对绿眼睛进行报道的媒体是《苍南都市报》。2001 年，绿眼睛获得了“福特环保奖”，《苍南都市报》的记者为了找到这则消息花了两天时间，打电话、找报纸，最后才从中国环境报找着这则消息，随后以《苍南学生喜获国际环保奖》为题进行了报道。2002 年，日本 NHK 电视台、浙江卫视前来报道，绿眼睛随着媒体的报道名声越来越大，其他媒体也因其名声的增大而前来采访。

媒体与绿眼睛环保组织所表现出来的亲密关系并不是偶然的，而是由我国媒体的发展过程决定的。我国媒体从 20 世纪 90 年代起就踏上了市场改革之路，此后政府开始减少对媒体的财政拨款，财政拨款的减少使得媒体需要自筹经费获得生存发展的资源。媒体为了生存，需要兼顾多方面的要求，既要遵守新闻纪律，又要提供大众需要的新闻；媒体需要在传达党和政府的政策精神的同时，遵循新闻规律，提供有价值的新闻事件，这样才能在日益激烈的市场竞争中占有一席之地。现阶段，我国政府提出了“人与自然和谐发展”的科学发展观以及实施可持续发展战略，政府高度重视环境问题。环境问题自然而然就成为媒体的关注重点和焦点。媒体既需要解读政府在环境方面的政策法规，宣传环境治理已取得的成就，也需要各种关于环境问题的新闻报道，自然就不会忽视民间社会组织这个巨大的新闻素材库了。

一、绿眼睛的行为

绿眼睛此时处于进行宣传教育的初始阶段，应该说在社会中还处于比较弱势的地位。大众传媒可以发挥上传下达的作用，是一种有效的社会工具，是我们不可忽视的环境保护力量。绿眼睛已经认识到这一点，于是逐步加强与媒体的合作，利用媒体的力量来提高自己的知名度，扩大活动的影响力，实现环保目标。绿眼睛通过与大众传媒开展各式各样的合作关系，从而把自己的意愿在公众之间得到最大限度的推广和扩散。因此，在这一阶段里，绿眼睛都与媒体保持了较好的关系，而这种亲密的关系建立往往也会使媒体超出中立地位，倾向于附和和支持绿眼睛的观点，从而在绿眼睛影响环保公共政策阶段发挥了十分重要的作用。

（一）绿眼睛需要借助媒体的宣传报道，传播环保知识，获得合法性

一般来说，民间环保组织都是社会公众自发组织成立起来的，因此，需要借助于大众传媒的宣传、报道使环保组织宗旨、环保理念和环保活动为社会与政府所认可，为组织生存和发展赢得诸多的资源，比如志愿者资源、活动经费资源和项目资源等。同时，通过大众传媒普及环保知识，传递相关的环境保护信息，提升民间环保组织在社会和政府中的地位，为民间环保组织的发展创造和谐的社会环境，提高对生态污染和环境保护破坏事件的监督力度，达到保护环境和促进生态可持续发展的目的。[①]

然而，要与社会达成一种良性的互动关系，首先是要解决组织的合法性问题。合法性是人们接受社会组织的基础，合法性的获得是任何社会组织发展的一个根本性的前提条件。只有确立了在社会系统中的合法性地位，非营利组织才有存在的可能与意义。从我国社会组织合法性的建构过程来看，大众传媒（包括报纸、杂志、电视、广播以及计算机网络，也称新闻媒介）在这个过程中起了不可忽视的作用。[②] 近30年来，我国大众传媒发展势头迅猛。大众传媒影响的基础是对受众的影响，因此要想掌握广大人民群众表达思想的话语权，大众传媒是一条有效的途径。

---

① 徐家良，樊东方.民间环境保护组织：关系策略与合作机制建构[C]//中国公民社会发展蓝皮书.北京：北京大学出版社，2008：205.

② 王少华.大众传媒在非营利组织合法性建构中的作用：以中国青少年发展基金会为例[J].新视野，2005(1)：45.

具体到笔者的研究对象——温州绿眼睛环保组织来看，大众传媒在建构组织合法性的过程中扮演着双重角色：第一，正面宣传能够强化组织工作的必要性和紧迫性，从而间接地强化了工作人员和社会公众的环保意识。2004年，绿眼睛在全省首开先例，与温州广播电台长期共同主持环保节目“绿眼睛——青年的榜样”（每周二晚20：00—20：45），宣传环保知识和环保理念，使温广台成为该组织的扩音器。温州广播电台拥有雄厚的经济基础、专业的从业人员、成熟的采编机制，其影响范围和能力都是非常强大的。而绿眼睛环保组织的人员、财力和精力都是有限的，虽然绿眼睛也有自己的传播渠道，但其影响范围非常小。绿眼睛组织清楚地知道，想要自己的声音有效传达给数量可观的普通受众，就必须借助传统媒体的力量。绿眼睛环保组织通过空中之声将环保信息和组织的环保理念传到千家万户，组织的知名度在温州迅速提高，越来越多的志愿者申请加入。

第二，对绿眼睛环保项目开展实施过程中的有关问题进行客观的曝光，对绿眼睛及其他环保组织开展工作有种警示作用。2002年，绿眼睛定期举行的“爱鸟周”活动曾遭到《温州都市报》的质疑。在“爱鸟周”活动中，组织会放飞他们收养的医治好的鸟类，也有很多居士林参加该活动，这些人把从花鸟市场买来的鸟拿来放生。该报认为绿眼睛环保组织做这件事的本意是好的，可往往鸟被放生了，又被一些人抓回来再次贩卖，反而促进了鸟类市场的繁荣，绿眼睛应该考虑活动怎样开展才能收到最大效果。后来绿眼睛开展“爱鸟周”活动，组织就不再提倡居士林参加，觉得他们买鸟放生在某种程度上确实助长了鸟类买卖的猖獗。

对于环境污染问题，人们在看到罗列的数据和概括性的官方文字时，可能很难对报告中的内容有切身的感受和体验，而大众传媒运用自己独特的表现方式可大大增强某一事件的感染力。绿眼睛环保组织开展的许多活动都会邀请媒体参加，比如“鳌江水环境”项目，媒体将一些数据和画面呈现在大众面前，使大众更深切地感受到鳌江水环境的现状。通过媒体的传播，不仅使绿眼睛的理念得到了传播，组织也获得了各种合法性。

（二）通过媒体扩大知名度，获得社会公众的支持

绿眼睛要施加自身对环保公共政策的影响，就要尽可能广泛地动员公众参与。只有吸引尽可能多的人参与其中，并且在全社会范围内引起人们的广泛关注，绿眼睛环保组织才有可能得到发展，在这一过程中，就特别需要媒体发挥信息传递和舆论监督的作用。绿眼睛深知媒体的这一功能，现代政治的合法性基础是建立在公共舆论上，大众传媒通过舆论导向作用而介入政治中，传媒影响力的本质就是它作为资讯传播渠道而对其受众的社会认知、社会判断、社会决策及相关的社会行为打上的属于自己的那种“渠道烙印”。[①] 因此，绿眼睛环保组织在一些绿色生活观念的倡导上，通过将自己的声音嫁接到大众媒体上就可以很容易地实现其主张的有效传播。绿眼睛除了在环境宣传教育层面上对受众进行积极的引导外，还有更高的追求——加强环境信息的公开化，推进环境决策的民主化，尤其在政府决策时有效地将群众的意见进行反馈，使自下而上的民间声音对自上而下的环境决策实现监督，从而保障公民的环境权益。方明和说：“我跟许多媒体工作人员都是朋友，我们非常愿意将组织实施的环保活动告诉他们，利用媒体和舆论保护环境，可以取得更好的成绩。”可以说，正是绿眼睛与媒体之间的这种关系推动了绿眼睛环保组织的迅速发展。

绿眼睛环保组织在2008年开展的鳌江水环境项目就是通过媒体对鳌江水环境进行广泛报道，引起当地居民及社会公众的广泛关注和参与，最终让当地居民与政府有关部门能够坐下来好好协商鳌江水环境的改善措施。

2009年3月，绿眼睛志愿者通过走访得知，一家酒楼将于近日宰杀一条

---

① 喻国明.传媒影响力[M].广州：南方日报出版社，2003：4.

护士鲨，食客有70来人。绿眼睛立即组织志愿者到该酒楼请愿，希望他们不要宰杀护士鲨，同时将这一消息告知各大媒体。通过新闻媒体报道，广州渔政支队获悉后，立即组织执法人员迅速赶赴现场进行调查处理。最终，在广州渔政支队的干预下，该酒楼决定无偿将护士鲨捐给广州海洋馆。通过大众传媒的传播，组织的志愿者人数和组织的项目资金大大增加。

二、媒体的行为

（一）媒体需要绿眼睛环保组织提供新闻素材，发挥媒体的社会影响力

早在1980年代末、1990年代初，人们还经常把环境污染的报道理解为对社会阴暗面的关注，这样的新闻报道是要承担一定的政治风险。邓小平南方谈话后，我国的改革开放进一步深化，为正视环境问题提供了良好的社会背景。

“在政治游戏中，媒体既是表演者又是仲裁人。他们不仅报道人们如何为争取社会权力而斗争，而且报道那些社会权力者。”[①]为了充分履行大众传媒的教育、宣传和监督的功能，它们也十分需要像绿眼睛这样的民间环保组织提供大量的环保信息和破坏环境事件的线索，及时发现新闻热点，做出具有背景性、调查性和解释性的报道，从而树立媒体品牌，提高媒体在社会中的美誉度，发挥社会影响力。特别值得一提的是，大众传媒通过报道民间环保组织的意见和建议，使公众和政府不仅听到了不同的声音，而且引起了他们对利益相关者知情权和参与权的关注。

---

① 托马斯·R.戴伊.理解公共政策[M].彭勃，译，北京：华夏出版社，2004:34.

(二)媒体从业者的身上所具有的知识分子特征有关，他们大多是忧国忧民之士

大众传媒对社会组织的额外关注除客观的社会背景因素，也还有人文方面的因素，大众传媒的工作者大都是受过高等教育的知识分子，我国知识分子身上铭刻的“先天下之忧而忧，后天下之乐而乐”的社会责任感以及职业的特殊要求使他们更加关注社会现实，尤其是社会热点、难点问题，他们在某种意义上扮演着“社会良心”的角色。以开展环境教育、野生动物保护等为主要使命的绿眼睛环保组织自然会受到他们的关注与支持。

在我国发展较好，比较成功的环保社会组织里，都有相当数量的参与者是媒体工作人员，有些媒体工作人员还在一些组织中担任负责人的职务。绿眼睛环保组织也有众多媒体从业者加入其中。如今，《苍南都市报》、《温州日报》、温州广播电台等都有绿眼睛的志愿者，这些媒体从业者一面帮绿眼睛进行宣传，一面为组织的未来发展出谋划策。绿眼睛有什么活动也会及时和这些记者朋友联系，为其提供新闻素材。

第二节 绿眼睛与媒体的互动关系

绿眼睛一直注重与媒体的互动合作，通过媒体扩大自身的影响力。但绿眼睛与媒体毕竟是不同的社会主体，有着不同的社会利益，在互动过程中，他们也会从自身的利益角度出发进行考虑。

一、绿眼睛与温州广播电台的互动

2004 年，温州广播电台准备办一个针对青少年的节目，当时的编导早就

听说了绿眼睛的环境教育项目，于是找到绿眼睛谈合作事宜，共同主持一个青少年环境教育的节目。温州广播电台拥有雄厚的经济基础、专业的从业人员、成熟的采编机制，其影响范围和能力都是非常强大的。而绿眼睛环保组织的人员、财力和精力都是有限的，虽然绿眼睛也有自己的传播渠道，但其影响范围非常小。绿眼睛组织清楚地知道想要自己的声音有效传达给数量可观的普通受众，就必须借助于传统媒体的力量，宣传环保知识和环保理念，使媒体成为环保组织的扩音器。于是，绿眼睛开始与温广台进行合作，共同主持环保节目"绿眼睛——青年的榜样"(每周三晚 20:00—20:45，温广经济台)，通过空中之声将环保信息和组织的环保理念传到千家万户。绿眼睛的知名度在温州迅速扩大，越来越多的志愿者申请加入。

二、绿眼睛与媒体联合发起行动

绿眼睛组织在一些绿色生活观念的倡导上，通过将自己的声音嫁接到大众媒体上，可以很容易地实现其主张的有效传播。绿眼睛除了在环境宣传教育的层面上对受众进行积极的引导外，它还有更高的追求——加强环境信息的公开化，推进环境决策的民主化，尤其在政府决策时有效地将群众的意见进行反馈，使自下而上的民间声音对自上而下的环境决策实现监督，从而保障公民的环境权益。

如今，媒体已逐渐产业化，大众传媒受到政治与市场的双重影响，而且经常为追逐市场利益而选择素材。改革开放以前，我们国家对传媒实行的是全额拨款和直接管理，大众传媒充当的是政治传声筒和传送带的作用。但是这种自上而下的、单一的、直接的制约关系从 1980 年代开始发生变化：一方面是国家对传媒的财政拨款逐年递减；另一方面，由于社会生活的重心逐渐向经济建设转移，传媒的娱乐功能、商业功能和服务功能被日益充分地开掘出来，并因此获得了可以取代财政拨款的新的资金来源渠道。同时，传媒自身的运作方式也日益企业化。所以，国家对传媒的直接制约明显削弱，而受众和赞助商的制约却越来越大。在传媒实现产业运作后，资源消耗主要依靠广告收入补偿，这使得传媒内容和方式很大程度上受到广告活动的影响和制约，传媒作为社会监督者、守望者的功能面临瓦解的危险，传媒从业人员的职业操守也不同程度地受到市场的侵蚀。产业化改革使得大众传媒必须从事营利性经济活动，不可能完全从道义、社会公正方面出发，还必须考虑受众的兴趣偏好。①

2008年，绿眼睛开展的鳌江水环境项目就是充分考虑了媒体的利益，以往媒体对鳌江水环境污染情况已经报道得很多了，如今再请媒体报道类似的情况已经很难找到媒体了。绿眼睛于是组织大学生参加鳌江水环境情况调查，让媒体从这个角度来报道鳌江水环境情况自然受到媒体工作者的青睐，同时也吸引了许多媒体对鳌江水环境进行广泛报道，引起当地居民及社会公众的广泛关注和参与，最终让当地居民与政府有关部门能够坐下来好好协商鳌江水环境的改善措施。

绿眼睛与媒体联合发起活动，形成广泛舆论，达成目的。2009年3月，绿眼睛志愿者通过走访得知，一家酒楼将于近日宰杀一条护士鲨，食客有70来人。绿眼睛立即组织志愿者到该酒楼请愿，希望他们不要宰杀护士鲨，同时将这一消息告知各大媒体。通过新闻媒体报道，广州渔政支队获悉后，立即组织执法人员迅速赶赴现场进行调查处理。最终，在广州渔政支队的干预下，该酒楼决定无偿把护士鲨捐给广州海洋馆。

---

① 王少华.大众传媒在非营利组织合法性建构中的作用：以中国青少年发展基金会为例[J].新视野，2005(1)：47.

三、绿眼睛邀请媒体工作者加入

绿眼睛环保组织一直积极邀请众多媒体从业者加入绿眼睛。绿眼睛负责人方明和告诉笔者，在我国这样的国情下，社会组织要想动员社会力量，单靠它自身的能力是很难达办到的。它要想将自己的声音传播出去，将社会的力量吸收过来，媒体毫无疑问是最有效的手段。而环境组织的成员兼媒体记者的双重身份也让环境社会组织更为便捷和有效地利用媒体资源为组织服务。

如今，《苍南都市报》、《温州日报》、温州广播电台等等都有绿眼睛的志愿者，这些媒体从业者一面帮绿眼睛进行宣传，一面帮组织未来发展出谋划策。绿眼睛有什么活动也会及时和这些记者朋友联系，为其提供新闻素材。方明和说："我跟许多媒体工作人员都是朋友，在我们组织实施环保活动的过程中，我也非常注意结交媒体的朋友，利用媒体和舆论保护环境，把它们结合起来，才能取得更好的成绩。"可以说，正是绿眼睛与媒体之间的这种关联，形成了推动绿眼睛环保组织迅速发展的一股强大力量。

总之，绿眼睛环保组织与大众传播媒体之间的互动，是满足双方需求的结果，但对绿眼睛环保组织而言需求则更强烈，因为大众传播媒体还具有选择公众议事日程、培育和形成社会舆论的功能。这一功能对绿眼睛来说是非常重要的，它有助于确保绿眼睛组织开展环保活动时取得应有的预期成效，达到较高的环境保护业绩。

四、绿眼睛谨慎对待国外媒体的报道

绿眼睛对国内媒体的报道是比较欢迎的，但对国外媒体的报道往往比较谨慎。在访谈中，方明和告诉笔者，虽然国外媒体的报道可以扩大组织在国外的影响，有利于组织获得海外基金的支持。但国外媒体的报道政治敏感度较高，搞不好组织会因此被取缔。所以，组织一直慎重对待国外媒体的采访与报道。对于绿眼睛目前开展的水环境项目，日本的 NHK 电视台、英国的 BBC 都曾到绿眼睛的水环境点进行了采访调查，并对水环境点的污染情况进行了报道。绿眼睛对此的评价是，虽然这两家媒体报道的是事实，但会危及组织的生存，而且这两家媒体在报道的时候也没有征求绿眼睛的意见，对我国水环境的这种负面报道往往会使政府部门不满意。在中国，绿眼睛必须考虑与政府部门的关系，否则会有被取缔的风险。

第三节 绿眼睛的自我调适：组织与媒体的互动策略

在实际的活动开展中，绿眼睛环保组织是如何处理与媒体的关系来获得媒体的关注和广泛报道，进而扩大组织影响力的？通过访谈及对材料的整理，笔者总结出绿眼睛与媒体互动中主要采取的三种策略。

一、举办记者沙龙，传递各种信息

绿眼睛环保组织通过开展定期的或不定期的活动，邀请环保方面的专家学者讲解环保专业知识，提高记者报道环保新闻的专业能力。同时，利用记者沙龙这一平台，建构起互通信息、传递环保事业的平台，一旦出现需要各媒体互相呼应的环保事件，记者们就会使用这一机制，使环保事件的信息迅速扩散，达到“放大”的效果。

二、主动分送环保材料给媒体，让媒体报道

尽管大众传播媒体有许多信息的来源，但最直接的信息来源应该是某一事件的当事者或利益相关者。绿眼睛环保组织通过分送环保材料给媒体，通过媒体报道，引起政府重视。绿眼睛环保组织在2008年开展的鳌江水环境项目就是通过媒体对鳌江水环境进行广泛报道，引起当地居民及社会公众的广泛关注和参与，最终让当地居民与政府有关部门能够坐下来好好协商鳌江水环境的改善措施。

绿眼睛的成员也会经常带领媒体亲临现场，拍摄真实的镜头，披露说与做之间存在的差异，督促政府制定出更符合实际的政策，采取有效措施确保环保政策的落实。绿眼睛在开展很多活动之前都会通知一些媒体记者前来报道，每次的"放鸟周"活动都会有许多媒体朋友参加。

绿眼睛主动分送材料给媒体，通过媒体的密集报道、群众的爆炸式讨论，形成全社会关注之势。一般而言，媒体关注越多，就越会形成一种强大的社会舆论，从而对政府部门造成一定的舆论压力，引起特殊的关注。这种"放大器"的功能，起到了其他渠道都无法取代甚至是无法发挥的作用。

三、亲自写稿，参与报道

绿眼睛也建立了自己的网站(http://www.greeneyeschina.org/)。利用互联网宣传组织宗旨和活动，主要包括组织介绍、组织成立的宗旨、近期开展的项目与活动、媒体对组织的报道、环境事件调查报告、会员活动等栏目。绿眼睛环保组织十分注重运用网络，每次在开展项目活动时，事先会将信息发布到自己的网站上，并且定期通过发送电子邮件来告知志愿者近期开展

的活动，呼吁志愿者通过网络参与进来。通过该网站，外界可以更容易了解组织的情况，对组织也起到监督的作用。

不论是哪种互动策略，对绿眼睛环保组织而言，目标只有一个，那就是借助媒体的力量，引起人们对环保事件或环保问题的关注，并督促政府，制定有利于环保事业发展的政策，达到环保组织活动的预期效果。

第四节 小结

环保社会组织起源于西方，20世纪90年代初开始在我国兴起。1994年，我国第一个环保社会组织"自然之友"注册成立，此后，大量的环保社会组织如雨后春笋般涌现。自1994年至今，环保社会组织不仅在量上有所突破，在质上也取得了飞跃，社会影响力越来越大。如今环保社会组织的发展主要是通过媒体来带动公众参与环保事业。

在我国这样一个环保运动大多自上而下推动的国家，环保社会组织想要加强自下而上的民间声音，形成一种制衡和监督，与媒体联合是实现其宗旨，发展壮大的必由之路。而对于媒体而言，其发展也需要环境组织的支持与配合。环境保护、环境问题是我国政治生活和社会生活的大事，环保宣传成为国策，环境报道也是我们日常报道的一种形式。每一位记者和编辑都应该有环境意识，媒体能够及时地通过非政府组织的渠道获取有效的环境信息，非营利环保组织成为媒体的一个很好的新闻源。[①]"自然之友"的领导人梁从诚先生在评价非营利环保组织在我国市民社会的影响力时曾这样说过："国外环保人士很羡慕中国的同行，环保问题一旦被揭露出来就备受关

① 林媛媛，曹倩.环保NGO探索与主流媒体互动[J].传媒观察，2008(9)：39.

注，很容易在中国媒体上掀起一场场环保风暴。”这充分说明我国民间环保组织与媒体之间有着密切的合作关系，在环保运动中，媒体会站在社会组织的立场上，推波助澜，推动运动的发展。通过绿眼睛与媒体互动关系的分析，我们也可以大致看出我国民间环保社会组织在与媒体互动中表现出对媒体的过分依赖。这种依赖性最突出的表现就是，我国环保社会组织很多活动的顺利开展都需要媒体的广泛报道与介入。同时，环保社会组织的发起者和参与者往往也是媒体工作人员。产生这种依赖的原因是由我国特殊国情和发展阶段决定的。

一方面，我国的法律、行政等职能仍不完善，我国民间环保组织社会公共职能的发挥不能得到很好的保障，因此不得不依赖媒体来发出声音，表达意见。另一方面，我国媒体从 20 世纪 90 年代起，就踏上了市场改革之路。政府开始减少对媒体的财政拨款，财政拨款的减少使得媒体需要自筹经费获得生存发展的资源。媒体为了生存，需要兼顾多方面的要求，既要遵守新闻纪律，又要提供大众需要的新闻；媒体需要在传达党和政府的政策精神的同时，遵循新闻规律，提供有价值的新闻事件，这样才能在日益激烈的市场竞争中占有一席之地。现阶段，我国政府提出了“人与自然和谐发展”的科学发展观以及可持续发展的战略，政府高度重视环境问题。环境问题自然而然就成为媒体的关注重点和焦点。媒体既需要解读政府在环境方面的政策法规、宣传环境治理已取得的成就，也需要各种关于环境问题的新闻报道，媒体自然就不会忽视民间环保社会组织这个巨大的新闻素材库。此外，我国公民社会的发展刚刚起步，作为新的社会现象，社会组织自然会吸引媒体的眼球。

在社会系统中，政府可以采用各种手段、措施对新闻传播的一些环节施加影响，进而调节新闻的数量、质量、流向等；企业则通过资金走向影响媒体；而作为第三部门的社会组织，既无权又无钱，从它形成之初就充当了社会第三级，发挥着制衡政府和企业的作用，处于弱势的地位。另一方面，由于社会组织自身的一些原因，如组织单一的关注点和内动力，志愿精神和情感是组织最重要的资源，导致其衡量事物的标准单一，专业性与可信性较低，进而影响到媒体对其的关注度。但是，社会组织在与政府、企业的互动博弈中，媒体是其唯一能够联合的第四种权力。于是，民间组织就会想尽一切办法接近媒体，吸引媒体的关注，有时甚至通过制造新闻事件来迎合媒体的口味。而媒体也确实对这些事件表现出了极大的兴趣。把事件做给媒体看，成为民间组织吸引媒体注意力的杀手锏。[①]

在我国这样的后总体性社会中，社会组织目前还无法像西方社会的社会组织那样获得独立和自主，有诸多的条件限制了社会组织的发展。因此，环保社会组织要想更好地开展活动，实现组织的宗旨和目标，最有效的办法就是与媒体建立友好的合作交流关系，和他们结成同盟军，联合他们向公众传递组织的宗旨和开展活动，表达对事件的态度，扩大组织的社会影响力。

我国社会组织在发展过程中存在着诸多问题，如专业化程度较低、分工不够明确、工作形式单一、与媒体的合作关系更依赖于组织内部负责人的个人魅力以及他们与记者的私交等。因此，在未来的发展中，社会组织需要加强自身结构方面的改革，能够与媒体建立起良性的互动合作关系。

---

① 纪荔.媒体在环境保护运动中的角色：中澳比较研究[D]，山东大学硕士学位论文，2008.

第六章　绿眼睛与社会公众的互动

一个社会组织必须得到社会的承认和接受，才能更好地开展活动。根据北京大学高丙中教授的观点，社会合法性、政治合法性、行政合法性、法律合法性是我国社会组织存在与运作的合法性的四个方面。政治合法性和行政合法性要求我国的社会组织需要与政府部门进行互动，而社会合法性的要求决定了社会组织必须与社会公众进行互动，为组织的存在和发展创造社会条件。本章所分析的就是绿眼睛与社会公众的互动情况，探讨绿眼睛与社会公众的互动关系。

第一节　绿眼睛与社会公众的互动行为

一、绿眼睛的行为

绿眼睛的成员，也是公众的一员，他们自身也不是环境方面的专家，大多数是刚毕业的高中生和大学生。因此，在活动过程中，他们也需要学习环境方面的知识，不定期邀请专家学者宣讲生态与可持续发展的知识，比如介绍国外环境保护的成功案例，逐渐积累起环保经验。在此基础上，把环境保护的知识和理念传播给社会大众，让公众认识到环保的重要性，进而接受环保方面的知识，成为环保活动的一员。从绿眼睛实际运作状况来看，该组织从一开始就把向公众传播环境保护知识作为组织工作的重要组成部分，重视与公众的关系，通过公众的力量来增强民间环保组织的活动能力。绿眼睛在向公众传播环境保护知识、提高公众环境保护意识的过程中，通常采取以下两种方式：

一是通过宣传教育，使公众认识到环境保护的重要性，认同环境保护活动。这种方式在绿眼睛环保组织活动中一直占有较重要的位置，组织的环境教育项目一直是他们的工作重点。绿眼睛环保组织通过报纸、网络、电台、电视等媒介工具把环保的理念传输给公众，通过在校园、社区举办环境教育流动展，让数万名学生和群众认识到环保的重要性，从而使公众能在经济发展和环境保护之间做出理性的选择，进而支持环保组织的活动，并投身于环保事业。

二是通过解决公众的切身利益，提高公众的环保意识。这种方式在绿眼睛环保组织中运用的不是很多，但它符合市场经济的基本原则，如绿眼睛的鳌江水环境项目的开展，就是先要调查鳌江周围群众受到污染的情况，进而鼓励他们能够选出一些代表，组织他们与政府官员、企业进行直接面对面的沟通交流，以改善鳌江水环境情况。笔者认为这一方法将成为绿眼睛环保组织与公众建构新型关系的基础。有的环境保护运动与公众没有直接的利害关系，因此，公众的关心程度可能会低一些；有的环境保护活动与公众有直接的利害关系，公众的关心程度就高一些。一般说来，一旦与公众有直接的利害关系，环保意识形成就越快，公众也就越容易接受环保知识。

二、社会公众的行为

（一）社会公众的参与动机

在探讨绿眼睛与社会公众的互动及其所形成社会关系时，首先要对作为参与者的社会公众的参与行为进行简单分析。在本节中，笔者根据绿眼睛与社会公众的互动情况，将公众分为普通社会公众（包括绿眼睛的志愿者和工作人员）和特殊公众（包括其他非营利组织和环保人士）。

1.个体参与者的参与动机

作为整体的普通的社会公众可以看作社会中的一类社会行动者，而由这些个体组成的社会公众有着单个行动者的特点，每个行动者的行动目的是有差异的。作为个体存在的社会公众，其参与绿眼睛的动机可以分为以下几类：

(1)参与改善社会问题，尽公民的责任，回应社会需要

笔者在调查中发现，绿眼睛的许多工作人员和志愿者都是“80后”甚至“90后”的孩子，在许多人看来，这些“80后”是“垮掉的一代”，但我们在他们身上却能看到肩负社会责任的决心和恒心。

温州人历来以精明、现实著称，但绿眼睛的创始人方明和这样一个20岁出头的温州青年，却毅然决定放弃上大学的机会去做一个“专业”的环保工作人员。方明和从小喜欢小动物，在家庭的动荡中，身边的小狗和各种小鸟是他的知心朋友。2000年，16岁的方明和从报纸上看到在广东有个野生动物贸易黑市。暑假一到，他便向外公要了500元钱，搭当地的货车来到了在广东做生意的妈妈那里。他没有在妈妈的店里待上半天，就拿起地图去找这个野生动物贸易黑市了。开学后，方明和与三个学校的12名好朋友组成的学生自然考察队成立了。第二年，考察队正式取名为绿眼睛，很快在当地的中学生中影响越来越大。

一直以来绿眼睛没有固定收入，除了一些环保机构的捐助，主要靠具体的项目经费来运转。遇到困难、问题时，方明和还会跑到外公那里求助。方明和每月的固定“收入”是800元的生活补贴，但经常拿不到这个数目。他挑食，但他每顿饭的标准很少超过5元钱。他不看电视，不爱打游戏，不玩球，没有特殊的事情，就一定在办公室里。这样的生活，一过就是好几年。

经过10来年时间，方明和与他的绿眼睛先后获得联合国“Roots & Shoots”年度成就奖、中国政府“地球奖”等30多次奖励；其中他个人还获得了首批浙江省公益使者荣誉称号、浙江省优秀青年志愿者等。方明和生性沉默胆小，现在却很健谈。他在浙江的多所高校、中学做过报告，也到过上

海的复旦大学做演讲。演讲中他提到最多的就是，绿眼睛作为一个注册会员达5000多人的民间环保组织，其使命不光是在环保，而是要以推动公众参与的方式来实现人与自然的和谐发展。

笔者问方明和是否后悔曾经两度放弃高考，他坦诚地告诉笔者："我对自己当初的选择从来没后悔过。人最终都是为了对社会有益这个目的而体现价值的，从这个角度讲，我跟其他人走的是一样的路。"那么，方明和在绿眼睛志愿者的眼里是个什么形象呢？2005年就开始加入绿眼睛的CPS告诉笔者："刚开始觉得方是自己的上级领导、老大，很崇拜他，也一直有种敬畏感。时间长了，觉得他也很平和，很可亲，又可爱，在工作中会给予我们很大的支持，外出学习回来后也与我们这些志愿者一起分享，很多人直接叫他哥哥。"

HXT是绿眼睛的第一个全职员工。她于2002年3月17日加入温州市绿眼睛环境文化中心，后任温州市绿眼睛环境文化中心执行主任。她告诉笔者，自己加入绿眼睛是很偶然的，她是通过绿眼睛的环境教育流动展知道绿眼睛的许多感人故事的。此后，她又参观了绿眼睛的办公室，与绿眼睛的发起人方明和进行了几次交谈后，她倍感震惊，原来在当今这繁华的社会里，当许多人大脑里充斥着功名利禄时，却有这么一群环保志愿者在无私地奉献着，而且又是在万般艰苦的条件下，她沉默了……当她第二次踏进绿眼睛办公室的时候，她为自己的人生选择了一条与家人期望截然不同的路，至少在她还年轻的时候，她正式向绿眼睛递交了申请书。

从2002年3月开始，她毅然放弃了所有的业余休息时间，把绿眼睛当成自己的家，面对家人的阻挠和旁人的嘲讽，她毅然决然地与几位志同道合的同事一起踏上了这条充满荆棘的绿色之路……2002年底，她同方明和一样也放弃了读大学的机会，在绿眼睛做了三年的全职义工。

HXT是与绿眼睛一同成长起来的，她的坚持与执着赢得了他人的支持和钦佩。2002年，她发起了绿眼睛青少年环境教育流动展项目，该项目旨在通过在各个学校社区流动展出，让家乡的青少年了解家乡的环境状况，从而行动起来加入环保的行列。她独自一人奔波于温州全市各地的学校举办展览，为学生讲课，让家乡的青少年了解到了第一手的环境资料及情况。目前，绿眼睛青少年环境教育流动展项目已在180所学校举办过展览，累计让20多万的青少年学生通过最直接的方式参与了保护家乡的环保活动。2002年，绿眼睛青少年环境教育流动展荣获德国米苏尔友爱基金会首次在中国设立的“蒲公英”奖，受到了国内外环保专家的一致好评。

2002年底，绿眼睛动物救助站开始筹建，她在非常艰苦的条件下与志愿者们开展救助动物行动，以每年救助300多只动物的规模为家乡环境作着积极的贡献，这其中的三分之一为国家重点保护的野生动物，如猫头鹰、黑翅鸢等。而救助流浪动物则是用自己的爱心与社会冷淡与愚昧作斗争。虽然当时只拿着不到100元的补助，HXT却主动承担最累最脏的一项工作——每天工作十多个小时，定时给小动物喂餐、上药。部分受伤严重的流浪动物需要半夜多次起床护理，于是她把家安在救助站里。她还把动物中心办成了一个“爱心教育基地”，周末的时候就组织各校的学生到救助站参观，给学生讲述小动物们的感人故事，从小给青少年学生灌输尊重生命、关爱动物的理念。她还定期与同事们到社区里展览宣传，尝试着开展动物福利宣传，同时也策划了多次动物领养活动，为20多只流浪动物找到了新的主人。

除了默默无闻，似乎没有更合适的词汇来形容HXT了。到逢年过节，当其他的同龄人在欢声笑语中度过时，她总是把回家团聚的机会让给其他同事，自己留在办公室值班。2003年，她面临着一个抉择：去高校深造或者留下继续工作。进入高校继续深造对于个人来说是一个很好的机会，也是家人所期望的，可是绿眼睛的志愿工作呢？走了之后如何延续这份公益事业呢？经过反复思考，她决定留下来。之后，她不断与家人交流自己的想法并尽力争取他们的支持。经过一段时间的努力，她终于得到家人的支持：留了下来。留在绿眼睛，把绿眼睛的工作当作一个事业去做……如今，她依旧在为热爱的事业努力着。

组织的另一个元老级的工作人员ZYY也是抱着对环保的热情，对改善社会问题的目的加入绿眼睛的。ZYY当时负责绿眼睛的宣传工作，从一开始就是绿眼睛的志愿者。野生动物救助基地开始运作后，ZYY每天骑车去上学，中午回基地照顾动物，那时，绿眼睛没有资金，全靠方明和的妈妈每个月提供的500～600元、后来800～1000元来维持运作，大家过年都在一起过。在这样的工作环境和待遇下，家里经济很困难的ZYY竟然高中一毕业就正式成为绿眼睛的工作人员。ZYY告诉笔者："我天生不是读书的料，但做环保自己还是可以尽一份力的，行行都能出状元嘛，只要能为社会做点有意义的事，苦点累点也无所谓的啦！"2012年，已经担任绿眼睛华南项目主任的ZYY在绿眼睛方明和的鼓励下在杭州创办艾绿环境发展中心并担任总干事。

在绿眼睛环保组织里，像这样的员工还有很多，正是他们的无私和奉献，绿眼睛环保组织才会发展得如此壮大。

(2)发挥自己所长，学习新技能，感觉自己存在的价值

绿眼睛在苍南总部的志愿者大都是苍南本地的初高中学生，这些志愿者怀着对环保事业的好奇与学习新技能加入了绿眼睛。笔者在访谈中接触了不少这样的志愿者。

LYP：勤奋高中高三学生，2005年开始加入绿眼睛，担任首任领队时间(2005.12－2006.3)，是灵溪团第四任团长，灵溪团校园通讯责任编辑。在与其的访谈中，他是这样描述自己在绿眼睛的收获的：我是2005年4月参加绿眼睛培训，起初参加绿眼睛是为了好玩，听说还可以当领队，就写了申请

书。自从加入绿眼睛，参加了团队管理、新会员培训，我有了很大变化，以前性格内向，很少在公开场合说话。后来当了领队以后，我变得很会说话了，人缘好了，朋友多了，生活的乐趣也多了。我觉得自己变得更有责任心、做事更有计划性，过去的粗心和懒散也改变了。

LKC：勤奋高中高三学生，2005 年加入绿眼睛，通过会员代表选举，现为灵溪团理事长（灵溪团第五任团长）。他是这样描述自己在绿眼睛的收获的："偶然经过绿眼睛基地，知道了绿眼睛，上高中时，从学校那里进一步了解绿眼睛。现在经常来绿眼睛，在这学到了很多东西，从一个傻小子走向成熟。已经把绿眼睛当成了自己的家，要维护它、保护它、关心它。学校其他社团活动相对简单，而绿眼睛的活动丰富多彩。在参与的过程中，我学会了赋权，知道不是所有的事情都可以独自去处理，要学会如何分配任务来提高效率。"

YSJ：桥墩高级中学学生，2004 年 8 月通过绿眼睛的"拯救黑熊"行动了解绿眼睛并成为其中的一员。YSJ 经常跟着组织的其他成员到平阳参加反抓捕动物活动，保护了很多小动物，觉得很有成就感。

（3）丰富经验，自我成长

很多志愿者是为了丰富社会经验，完善自我加入的。

ZRG：最初听说绿眼睛是在电视上，班里有个同学打听之后，觉得绿眼睛很能锻炼人，我就和其他四个男同学参加了绿眼睛的活动，并在 2004 年加入绿眼睛。加入后，自己的行为习惯改变了不少。以前自己没有环保的理念，在家经常吃青蛙、蛇，而且都是自己操刀。现在再也不碰了，也不吃了，并阻止别人吃；我现在是班里的班长，也经常劝说同学保护环境，不要乱丢扔垃圾。自己经常把地上的垃圾捡起来，变得比以前勤快了；我刚开始参加义卖时，不敢说话，现在经过锻炼，胆量、口才都好多了。在做领队的时候，自己的领导能力和筹款能力都提高了。

LH：我是 2003 年加入绿眼睛的，当时绿眼睛正开展领养流浪狗的活动，我报名参加了。基地的指导（员）是黄小桃和郑元英，（我）看到了很多流浪狗，以后就经常到基地帮助护养流浪狗。绿眼睛给我提供了一个平台，让我不仅学到了丰富的环保知识，还培养了良好的口才，甚至可以说改变了我的人生。在这里我发现了自己的兴趣，我现在越来越喜欢绿眼睛，喜欢环保。我觉得自己已经离不开绿眼睛，并向周围同学宣传绿眼睛，进行环保教育。

（4）出于对环保事业的兴趣，寻求新刺激及丰富生活体验

YQ：特别喜欢动物和花草，因此参加了绿眼睛，因为学习比较紧张，活动参加较少，但每周都到办公室，看很多有关环保的书籍，增长了很多知识。

（5）扩宽社交圈子，取得他人的认知和赞许以及在群体中的位置

QMC：了解绿眼睛是从它与团委开展的一次合作活动开始的，后来班里有不少同学和朋友参加了，自己便也跟着他们去了。后报名申请成为动物抚养组组长，一直负责动物救助工作。工作能力有很大提高，想问题更全面了，责任心增强了，现在朋友遍及苍南。

（6）培养组织能力及领导才能，为未来工作做准备

绿眼睛很能锻炼人，这是笔者听到最多的一句话。工作量大，工作任务新，对他们都是挑战。很多人也是冲着到绿眼睛锻炼的目的来的。

ZCZ：2003 年 3 月加入绿眼睛，负责行政工作，是绿眼睛的第三批专职工作人员；目前是福鼎绿眼睛环保志愿者协会会长，他将满腔热血都投注给了环保公益事业，为野生动物保护及青少年环保教育事业的发展作出极大贡献。

2004 年高中毕业时，他放弃了去高校深造的机会，毅然投身环保事业。2006 年，“绿眼睛环保志愿者协会”注册成立，这是宁德市第一家登记注册的民间环保公益组织。2007 年至今，ZCZ 在当地各所学校义务开展环保讲座

和环保知识宣传活动达100多场。2007年，他顶着严寒，连续11个日夜守护在第一次飞临福鼎的白天鹅一旁，并带动成千上万的福鼎市民加入保护白天鹅的队伍里。2008年3月20日，福鼎桐山溪惊现大批死鱼，他立即组织了50多名志愿者，打捞溪中死鱼。2008—2009年期间，ZCZ发现世界第三大黄嘴白鹭栖息地——福鼎日屿岛（鸟岛）生态环境遭受严重破坏以及黄嘴白鹭数量大量减少的情况后，立即赶往日屿岛附近村庄开展保护宣传工作。几年下来，ZCZ及志愿者多次联合相关执法部门开展野生动物保护及救护工作，共救助野生动物210多只，其中不乏国家级保护动物。在ZCZ长期坚持与努力下，绿眼睛环保志愿者协会影响力不断扩大，目前凝聚了800多名志愿者。

BHB：2003年10月加入绿眼睛，负责项目执行，也是第三批专职工作人员。第三批专职工作人员很多已经做到指导员的位置了，（他们）以前都是绿眼睛的志愿者。（他们）刚加入绿眼睛的时候，都是从零开始，主动去问、去学，以前自己看别人策划、组织活动，甚是羡慕，实习半年后，最终成为指导员。BHB刚进绿眼睛的时候，没有任何补贴，只管吃和住，指导员一开始每月200元，2006年才涨到每月五六百元。谈到指导员与志愿者的区别，他们认为指导员参与组织活动，具有更多的责任和义务，需要具备一定的策划、组织能力，并对志愿者进行指导；志愿者则以参与为主，野外活动比较少，多参加宣传活动。刚开始到绿眼睛工作时，父母都极力反对，但他们自己认为在绿眼睛能够学到学校里学不到的东西，可以锻炼自己的能力，对以后做其他工作也是有帮助的，就默许了。2013年，已经担任绿眼睛行政主管BHB创办了温州绿色水网中心并担任总干事。

综上，笔者总结了绿眼睛吸引学生的原因有：学生自发的组织，没有代沟；自己筹集资金，很有成就感；财务透明，很公平；做学生喜欢做的事情，能够自己做主；可以学到很多东西，满足求知欲望；能够得到关心，获得友谊。

(二)对作为整体的社会公众行为的分析

更多时候,温州绿眼睛所面对的社会公众又是以整体的形式出现的,作为整体的社会公众对绿眼睛的影响力更加巨大,组织社会合法性的获得来源于绿眼睛与以整体形式出现的社会公众的互动。

为获得作为整体的社会公众的参与动机,笔者结合了绿眼睛组织发展以来志愿者的加入情况和2004年"自然之友"环保组织曾做过的会员对组织的知晓率与加入率之间的关系:绿眼睛随着组织的发展、媒体报道的增加,社会影响力越来越大,组织的社会公众参与也更为广泛了;自然之友通过在社会持续多年开展活动,社会知晓率急剧上升,社会公众的加入率也随之提高。[①] 综合以上情况,笔者认为,社会公信度是决定社会公众参与行为的关键因素。社会组织的社会公信度对于组织获得社会公众的支持至关重要,社会公众的信任与否既关系到社会公益事业的成败,又直接影响着社会组织的生存和发展。以整体形式出现的社会公众对绿眼睛的影响更加深远,社会公众对绿眼睛的支持与信任至关重要,并成为二者互动的基础。

第二节　绿眼睛与社会公众的互动关系

一、绿眼睛与某些个人利益的冲突

绿眼睛与普通社会公众互动中的合作情况,主要是工作人员努力工作和志愿者广泛参与为主,这些前面已经谈到了,这里就不再赘述。

---

① 《2004年自然之友会员调查结果分析报告》,内部资料.

绿眼睛的野生动物保护是组织的一个特色项目，也是重点项目。这个项目的开展经常会触及某些人的私人利益，引发组织与他们的冲突。绿眼睛经常组织志愿者到街上开展巡查野生动物贩卖工作，建立督察此类贸易的网络，并创办受伤动物救助站，实施持久地保护野生动物的举报和保护举措。在此过程中，志愿者们与犯罪分子经常要面对面，甚至要冒着生命危险深入贩卖野生动物的窝点进行调查取证，曾有志愿者在此过程中被三名犯罪分子围攻。

"没事找事。"群众视他们的行为如"异端"；盗猎者咆哮着"你敢举报，我就要了你的命。"面对这些，方明和从没有退却过。他从不顾危险拍摄盗猎者的照片，到发起拯救黑熊行动，通过媒体把"活熊取胆"的残忍行为予以曝光……在访谈中，绿眼睛的实习生 LJ 告诉笔者，有一次他和其他几位志愿者以食客的身份去某一餐馆走访。不料被他们认出，他们的保安立刻围了上来，对志愿者进行威胁，扬言说以后再敢去他们餐馆"闹事"(在餐馆看来，志愿者就是闹事)，志愿者就别想出他们餐馆的门了。可能考虑绿眼睛的影响力，当时餐馆也没敢有什么过激行为。

社会组织在当今社会发展中所发挥的功能引起了越来越多人的关注，但是在这个物欲横流的社会，那些社会组织的领导者和工作人员不但要忍受冷嘲热讽、误解，还要忍受清苦和寂寞的生活，这注定是个孤独的旅程。绿眼睛的工作人员在此方面也同样面临这些问题，诸如家人朋友对他们工作的不理解，组织的待遇不好，高中生创办的社会组织能坚持多久等。而组织的工作强度大，甚至有些危险，这些压力都是常人无法忍受的。绿眼睛组织的人事变动很频繁，不是组织要换人，而是员工炒组织的鱿鱼。这些年轻的工作者面临生活的压力，他们结婚需要一大笔费用，而做环保远远无法满足这个需要。因此，组织在一年时间里，老员工走了一半，新来的员工组织认同感不强，更多考虑的是物质利益。绿眼睛的行政主管告诉笔者："我们可以给这些刚毕业的大学生和企业一样的待遇，可是他们也不愿意选择我们。这些人往往眼高手低，不知道自己追求什么，只知道这个不是自己想要的，那个不是自己想要的，到底想要什么，他们自己都不清楚啊。”

二、绿眼睛与特殊公众的互动情况

在绿眼睛环保组织与公众关系的处理中，还有一些特殊的公众，这就是其他的社会组织和环保人士。绿眼睛从开始创立就得到了很多环保组织和环保人士的帮助。

绿眼睛在还没正式成立之前，方明和就经常给环保前辈梁从诫、吴方笑薇等写信，梁从诫、吴方笑薇、潘虹耕这些环保界的前辈们对方明和和他的伙伴们都给予了很多鼓励和支持。

绿眼睛早期的名字叫“学生自然考察队”，只叫了几个月，后来申请到“根与芽项目”，根据要求改为“绿眼睛根与芽”。根与芽提供了一些手册、资料，对绿眼睛非常有帮助，福特奖的消息也是根与芽提供的，根与芽给绿眼睛提供的最主要的是精神的鼓励和支持。该组织的负责人还经常给方明和来电话，一次至少半个小时，每一次对于方明和来说都是一针强心剂。绿眼睛最初租住在灵溪小康路一车库里，2001 年 9 月，国际“福特环保奖”评委会评估员郭雨女士千里迢迢来到苍南，亲眼看到这群青少年在条件这么简陋的地方，一心一意地坚持着他们的环保公益活动。她对围在她身边的绿眼睛成员说：“大家辛苦吗?”在场的绿眼睛成员平时在环保活动中，无论受到怎样的嘲笑、打击或者爱莫能助，都没有流泪；这时，听到从北京专程寻来的客人的问候，个个泣不成声。方明和对北京客人感谢道，“不管我们‘绿眼睛’获不获奖，都没有关系；但您的光临，已经是对我们最大的支持!”此刻，“福特环保奖”的评估员郭雨也哭了！毕生致力于野生动物研究和保护的联合国和平大使珍·古道尔博士知道这些事后，感动地说："方明和，他确实是一个非常勇敢的孩子。"这句话一直激励着方明和。

2001年获得的"福特环保奖"是方明和生命的转折点，在拿到福特奖的一刹那，方明和心里想的就是"这辈子干环保干定了！"(2001年10月29日)"福特奖"奖金为5000元，当时绿眼睛用这笔钱租了间办公室(1100元)。方明和经常去北京，见到了珍妮·古道尔，对其他环保组织也有了更多的了解。2005年底，绿眼睛迎来了第一笔外来资助，是Global Green Fund(全球绿色资助基金会，以下简称GGF)提供的办公经费，一共有四笔资金，加起来有八九万元。2003年绿眼睛再次获得福特奖，获得2万元奖金。环保组织和环保人士的支持和帮助，不仅给绿眼睛提供了一定的物质帮助，更重要的是给组织提供了强大的精神支持。

关于绿眼睛与其他社会组织同行的关系，组织的负责人是这样介绍的：我们很少与其他环保组织有合作项目，主要是参加一些活动和会议。目前已经参加非营利组织的培训有CANGO(中国国际民间组织合作促进会)的培训，通过该训练班开始了解CSOs和NGOs；后来还参加过绿根和映绿的培训，他们的培训比较专业，对绿眼睛的能力提升比较有帮助，CANGO主要帮助我们了解非营利组织的基础知识；绿根的培训草根性比较强，政治也比较强，但特别辛苦，有点像打游击战；映绿的培训(志愿者、财务)内容主要是了解本行业，较其他培训更实用、更专业，对实际工作帮助很大。培训后，工作人员能将培训的内容与日常工作结合起来，有助于组织工作的开展。

资金永远是决定社会组织生存发展的重要因素，越来越多的社会组织在探索如何获得更多的资金支持。当资金有限以及来源渠道单一时，本来没有什么冲突的社会组织之间难免会发生争夺资源的明争暗斗。美国太平洋环保组织和GGF一直是绿眼睛的项目资金支持方，绿眼睛在海南的办公室就是GGF提供的。因此，绿眼睛也一直在努力维持双方的关系。2008年

9月,GGF支持贵州当地的一个环保组织开展贵州清水江水环境项目,但这家环保组织活动开展的不理想,并不能达到资助方的要求。于是,GGF的中国项目负责人温波就找到绿眼睛(他对绿眼睛开展活动的能力很信任,绿眼睛的很多项目资金都是他帮助筹集的),希望绿眼睛能去贵州开展清水江项目,经费从贵州当地的环保组织那边支出。绿眼睛本来不想去,因为对那边不熟悉,很难开展活动。但考虑到和温波的关系,又不好推脱。于是,组织就调动了几名工作人员前去贵州开展活动,可是活动开展结束后,经费问题却不能解决。当地的那个环保部门认为,绿眼睛开展活动很少,并没有做什么事情,因此不愿意拿出经费。两家为此都找到GGF的温波说理,最后搞得大家很不愉快。方明和告诉笔者,接这个项目主要是考虑维持与GGF的关系,本来绿眼睛在水环境方面就不是很擅长,而且去外地开展工作也不熟悉环境,但温波老师很信任绿眼睛,希望绿眼睛能去把项目做好,他们也只好前往了,希望有利于组织以后获得其他项目的资金支持。

绿眼睛环保项目的开展,经常面临如何在短期效果与长期目标之间保持平衡的选择。资助方、社会公众,尤其是组织环保项目的直接受益人,都希望能在尽可能短的时间内看到工作带来的改变和成效。特别是近年来,社会组织也开始强调问责制,这直接关系到组织的资源获取能力,并进而影响到组织今后的生存与发展问题。与此同时,国外的资助方也经常要求组织活动的效果要用量化指标来衡量。在鳌江水环境项目中,就出现了资助方与绿眼睛就项目效果该如何评价的冲突。鳌江水环境项目的资助方是美国太平洋环境组织,该组织认为,绿眼睛在项目开展中必须将项目落实的效果用数据来表示,比如组织要动员多少人参加与政府部门的谈判,参加的政府官员有多少,但绿眼睛表示很难给出准确的数字,只能争取尽可能多的人参加。甚至绿眼睛在什么时间实现目标、完成水环境项目,双方都有很大分歧,美国太平洋环境组织希望尽快看到效果,但绿眼睛认为鳌江水环境本来就有许多历史遗留问题难以解决，组织很难在短期内完成任务。绿眼睛虽然知道很多项目很难用量化指标来衡量，也不可能在短期内取得资助方的要求，但组织还是要按资助方的要求上交项目开展的书面报告，报告中的陈述是否属实就很难说了。要做到短期效果与长期目标的统一，无论对绿眼睛还是其他的社会组织都是一个巨大的挑战，也是组织不得不面对的一个矛盾。绿眼睛的创始人方明和说："10年前我的压力主要来自学校、政府的不理解，不信任，甚至说我们是非法组织，还有超负荷的工作，又缺少资金支持，那时候真苦。可10年后的今天，我们要面对资助方、政府、社会公众等社会各个方面的挑剔和苛求，也就是社会公信力的考验。现在我感觉自己的压力更大了，但这也是社会组织发展的一个必经过程。"

第三节 绿眼睛的自我调适：组织与社会公众的互动策略

绿眼睛环保组织的存在和发展都离不开深厚的社会基础，社会公众的支持和信任与否是社会公益事业成败的关键。绿眼睛在与公众的互动中，一方面通过志愿者的动员和管理，获得了公众的广泛参与；另一方面，组织也采取了一些策略与资助方和其他非营利组织进行互动。

一、绿眼睛的志愿者管理模式改革

绿眼睛能有今天的成就，很大程度上取决于志愿者的广泛参与。绿眼睛的志愿者人数最多时达到5000人，组织通过一系列的措施招募了大量的志愿者。

绿眼睛在动员中学生志愿者方面有自己独到的办法，满足了青少年想要独立自主的需求。组织的志愿者动员和管理经历了几次改革，具体来说，主要采取了以下四种方式。

（一）骨干志愿者机制

2004年，绿眼睛的创始人方明和参加了一次安利的演讲课，很受触动。后来他买了许多直销的书，并应用直销的概念制定了一套相应的制度，用来招募学生志愿者。绿眼睛招募志愿者的方式是：组织并不提出招募志愿者，而是以“环保教育”为由，获得学校的同意进入校园，然后制作海报宣传，在学校开办讲座，同时通过发放环保教育小册子和表格吸引学生自愿报名参加。一般只要在学校找到一个核心环保志愿者，通过该志愿者在一两个月内就能够发展上百个志愿者。这一时期是绿眼睛志愿者人数急剧膨胀的时期，至2004年底，组织的专职工作人员已达到7人，志愿者近3000人。地域从一个县（苍南县）拓展到八个县（温州7个县和福建省福鼎市）。

（二）灵溪团模式

在2003年年底之前，有100多位志愿者参与绿眼睛组织，这些志愿者多数为兴趣所致，此时尚未建立志愿者管理机制。2003年底，绿眼睛的负责人开始探讨志愿者管理机制，并开始探索后来的灵溪团模式。

一开始，绿眼睛的志愿者都来自高中，而灵溪县（苍南县政府所在地，也是绿眼睛总部所在地）就集中了四所中学。2004年，绿眼睛选择灵溪的四所中学开始创建灵溪团模式，即高一培养，高二转正（锻炼），高三做辅导（成长顾问）。高三的辅导员每月至少进行一次经验分享，志愿者活动的开展不再由绿眼睛办公室直接策划和推动，而是由各志愿者团队策划，团部批准，绿眼睛划拨经费。

（三）激励机制

绿眼睛采取了以下几种措施对组织成员进行激励：

1.积分制

2006年前，参加绿眼睛的每个会员需交纳30元会费，其中20元用于办公室开支，10元用于志愿者开展活动；每一个直接招募到新成员的志愿者可以获得2.5个积分，他可以用积分来换取参加志愿活动的机会。

2.建立小队

绿眼睛还参考美国童子军的做法，建立志愿者小队（25人以下为小队，不能单独开展活动，只能招募）；中队（25～50人，只能开展校内活动）；50～100人为大队（只能开展校内活动）；100～150人为分团（可以开展校外活动，需要批准）；100人以上为旗舰团（可以开展校外活动，分团长批准即可）；分团（150人以上，可以开展校外活动，需要旗舰团团队批准）。

3.提高会员门槛，减员增效

从2005年下半年开始，组织对外活动、交流进一步增多，外部对绿眼睛的期待很高，但工作人却无法承担相应工作。负责人花在组织内部的时间越来越少，出现了方明和和极少数工作人员疲于奔命，而其他工作人员素质和能力还不够，缺乏活动策划能力而无事可干的情况。绿眼睛开始反思，并考虑减员增效问题。为了加强绿眼睛的管理，2006年，绿眼睛成立了全国青年理事会。理事会成员都是来自全国各地重点高校的大学生，这大大提升了绿眼睛组织成员的文化层次。同年，组织的专职工作人员从8个减到2个；经理事会会议讨论，决定取消会费制度，提高会员门槛，即只有经常参加活动的成员才能成为会员；并引进淘汰制度，表现不佳、纪律不佳者将被淘汰。所有申请入会者需要参加绿眼睛培训，每周两期（绿眼睛历史介绍、组织文化、运作模式和现状）。会员仅需交纳会员证工本费3元，不再收取会费，但鼓励捐款，捐款额度不限。收到的会员捐赠将返回校队，建立绿眼睛校队活动基金。会员捐款的多少成了衡量绿眼睛服务能力和质量的标准，也体现了绿眼睛成员对捐赠者的尊重，增强了会员对绿眼睛的归属感。

4.设置绿眼睛奖

绿眼睛为有突出贡献的志愿者设立了绿眼睛奖。绿眼睛奖包括绿眼睛年度人物奖(提名奖10人,年度人物奖8～10人),以及绿眼睛领袖奖(提名奖3人,领袖奖2人),分初级(1年以上)、中级(5年以上)、高级(10年以上)三个档位。评奖由绿眼睛办公室提名和讨论。

5.实行选举制度

2000—2003年,绿眼睛主要通过建立朋友、伙伴式的关系来维系组织成员之间的关系。大家凭着共同的爱好和兴趣,同甘苦、共患难。但随着组织的迅速扩大,机构已无法像先前一样通过紧密的个人关系进行管理。因此,绿眼睛开始通过培训和团队分享,一方面将选举制度引入志愿者的招募和管理中,另一方面提倡自主、自我管理、尊重、信任、平等、友爱、合作的价值观。如志愿者进行领队的选举时,领队候选人要上台进行竞选演讲,然后由志愿者投票决定领队人选。

(四)组织制度建设

为了提升绿眼睛的服务能力,满足众多志愿者的需求,绿眼睛还进行了组织制度建设。组织建立了财务、人事、档案、志愿者信息资料等的管理,并建立了绿眼睛网站(http://www.greeneyeschina.org/)。虽然2005年下半年至2006年上半年,绿眼睛的会员人数下降,仅注册会员1000多人,规模进入低谷,但与以往几年相比,各个方面都有很大的提高,不但工作人员的能力得到了提升,环保教育和干预项目、活动的规划能力也有了明显提高。

总体来看,绿眼睛的志愿者动员、管理模式大致经过三个阶段的改革而趋于完善。第一阶段是自发期(2000—2002年),创始人方明和与主要骨干以朋友式的方式凝聚起来。第二阶段是自主期(2003—2006上半年),2003年在模式地苍南县创立"灵溪团",尝试进行体制改革与团队自主管理,并引进商业积分奖励模式和美国童子军团队晋级模式。2004年,组织开始进行大范围的推广，但由于组织规模扩展过快，方明和与主要骨干又忙于组织宣传和筹资，导致组织开展的活动减少，会员渐渐不满，自此组织开始逐渐缩小规模。第三阶段是赋权期（2006 年 9 月至今），骨干成员进行充分赋权，团队在运作和经费上完全自主管理，办公室主动提供培训和支持，同时对一些团队给些小额资助。

二、走迂回路线，实现组织目标

在经历多起与相关公众个人利益冲突的事件后，组织的创始人方明和慢慢摸索出了达成目标的最有效方式。不久前，绿眼睛抓到了野生动物贩卖的证据，因为过了上班时间，搬不动林业警察，他就直接打电话给市林业局的领导。当林警赶到后，他却感慨说："我终于给那两只猫头鹰报仇了！"他自己曾总结说："以前，我们会因反对动物活体展览而上街抗议，会在街上与动物贩子争吵，还想过和一些执法不力的部门对着干，但是后来我们越发明白了这个社会，明白了对着干是没用的，明白了要低调地做人和做事，明白了要开展建设性的合作。"

三、转移工作重点，迎合资助方需要

给绿眼睛提供过资金支持、技术支持的单位主要有温州市环保局、温州大学城市学院、美国太平洋环境组织、全球绿色资助基金会（GGF）、苍南县林业局，以及温州各地方环保局、林业局和团委。从绿眼睛项目执行过程来看，对于绿眼睛日常的会议，工作内容、工作方法甚至一些小额经费的使用情况，资助方几乎从不介入，绿眼睛的工作人员也普遍感到工作环境很宽松。但是，这一切在笔者看来不过是表面现象。在关系到组织的发展方向和工作重点等重要问题上，资助方的意图是十分明确的，且没有任何商量和回旋的余地。从最近一次绿眼睛工作的调整来看，资助方在其中扮演着极为重要的角色。美国太平洋环境组织是专门资助水环境项目的环保组织，绿眼睛的工作重点以前一直是野生动物保护和环境教育这一领域。2008年，在获得美国太平洋环境组织的资助后，组织开始将工作重点转到组织不太擅长的水环境项目上。这一点，连绿眼睛的工作人员也不无怨言地说："没办法，为了生存，要想获得资助，只有暂时放放其他的项目了。"为了维护好与资助方的关系，组织有时也不得不放弃会员的利益。所以，面对资助方数目不菲而组织又迫切需要的资金时，绿眼睛环保组织常常处在既希望保持自我独立但又不得不顺从、迎合的无奈与挣扎之中。

四、选择性参与培训，腾出更多精力

绿眼睛有一段时间，在某种程度上陷入了发展的误区，即把过多精力放在了参加各种能力建设的培训和研讨会上，而这些能力建设的培训主要集中在内部治理结构、筹款能力、人力资源管理等方面。这些内部管理的因素固然对组织的发展很重要，但绿眼睛更需要把重点放在各个具体项目的执行操作上。2009年后，绿眼睛开始有选择性地参加这类活动，而将更多的精力放在项目的执行中。

第四节　小结

像绿眼睛这样自下而上的社会组织，其存在和发展都需要深厚的社会基础，社会公众的支持和信任关系到组织环保公益事业的成败。不仅仅绿

眼睛要面临信任问题，在我国，社会组织的兴起和发展都需要得到社会的认可，取得社会合法性，这是组织存在的前提条件。社会对社会组织的支持反映出社会对社会组织的接纳程度，社会组织要始终坚持组织的社会公信力建设，才能取得充分的合法性，进而获得社会资本和资源，这样就可以增加组织与其他社会主体互动时的话语权，进而得到更多的支持。

回顾绿眼睛20多年的发展历程，其一直要面对来自基金会、公众等社会各个方面的高标准、严要求。而组织与社会公众的互动就完全是一种信任关系下的互动。在这种信任关系中，社会公众是委托人，绿眼睛则是受托人，正是建立在信任的基础上，社会公众才愿意把自己的一部分资源交给绿眼睛，通过绿眼睛来参与环保事业。绿眼睛在发展过程中，也表现出了对公众的依赖，且不同时期的依赖对象是不一样的。在绿眼睛发展初期，组织对公众的依赖表现为志愿者的参与和他们交纳的会费，组织最初开展很多活动所用经费都是来自会员的会费；而现阶段则更多地表现为给组织活动提供资金、技术支持的其他社会组织，然而，此时组织就需要根据资助方的要求开展活动，自主性明显下降。所以，面对资助方数目不菲而组织又迫切需要的资金时，绿眼睛环保组织常常处在既希望保持自我独立性但又不得不顺从、迎合的矛盾心理中。

第七章　总结与讨论

绿眼睛是我国成立最早的民间青年环保组织之一，于2000年11月25日建基东海之滨的温州市。由创始人方明和在高中时期创立，取名绿眼睛的初衷是"用绿色的眼睛关注身边的环境，用绿色的心灵守护纯净的自然"，后来提炼为"与公众一起，发展社会行动能力，以民间力量制衡不公平、不公正的环境公共事务，实现人类的可持续生存"，即组织的立命之本。在我国，那些发展比较好、影响比较大的社会组织往往要么是有行政单位背景，要么是社会名人创办的，比如中国青少年基金会和自然之友。对于绿眼睛这样一个没有什么社会资本的高中学生创办的民间社会组织能从2000年的一无所有发展到今天这样一个规模，无疑引起了社会各界的广泛关注。这首先是因为该组织是自下而上的民间社会组织，从它的兴起和发展可以看出我国民间社会组织发展的程度和规模。其次，该组织在建立和发展过程中得到了政府、媒体、社会公众的广泛支持和帮助，通过与这些社会主体的互动，组织获得了生存与发展的各种资源。笔者将绿眼睛作为一个个案，通过对它的实地调查研究，探讨我国自下而上的社会组织是如何获得生存与发展资源的，具体而言，主要关注以下几个问题：1.在我国，像绿眼睛这样的自下而上的社会组织是如何与政府、媒体、社会公众互动从而获得生存与发展资源的？他们与这些主体交换着什么样的资源？2.绿眼睛在与这些主体互动时，必然会有些冲突，那是些什么样的冲突？绿眼睛在互动时采取了什么样的互动策略来为组织增加筹码，获得更多的资源？3.当外在的要求与组织内在目标不一致时，绿眼睛如何处理组织的生存与组织宗旨之间的关系？从资源依赖的角度看，组织如何保持独立性和自主性的？

因此，本书研究的目的在于揭示出该组织在实际发展中如何与政府、媒体、社会公众互动，以获得自己生存与发展所需要的资源。为了寻求与政府、媒体、社会公众的支持，组织采取了什么策略，这些策略的实施对组织产生了怎样的影响。

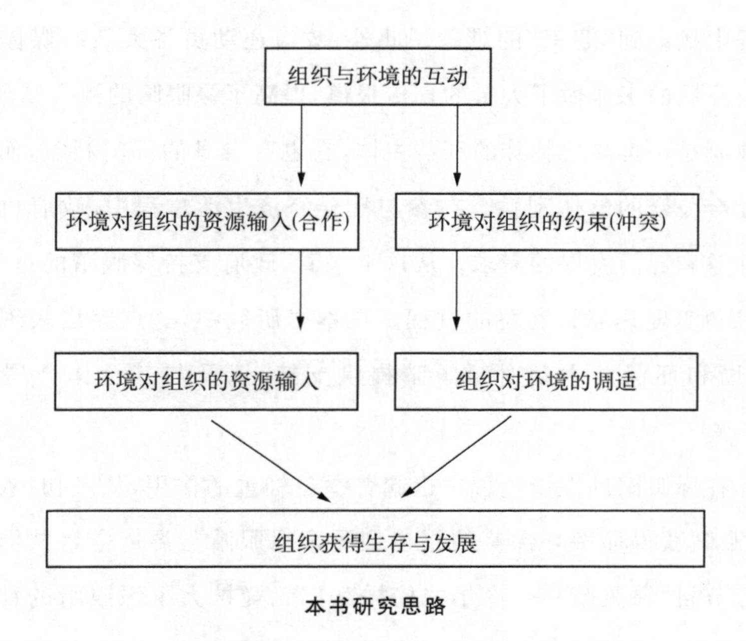

本书研究思路

第一节　绿眼睛环保组织的建立:宏观大背景与现实环境的推动力量

我国近几十年来的社会转型和政府机构改革,为绿眼睛提供了机遇和发展空间。绿眼睛这样的民间社会组织诞生于温州,而不是在其他的城市或地区,有其一定的必然性和合理性。笔者认为这与温州人的性格和温州的环保工作需要有关。温州人吃苦耐劳、勇于拼搏的精神举世闻名,被称为"东方的犹太人"。而温州在经济发展过程中,环境问题一直很突出,多方面因素推动绿眼睛应运而生。绿眼睛在建立和发展过程中也得到了苍南县团委、林业局的支持和扶植。在其发展过程中,政府不仅为组织筹集了必需的启动资金、办公设施及场所等紧缺资源,还成为其主管单位,解决其在法律注册过程中找不到“婆家”的难题。此外，政府还动员各大新闻媒体对组织及组织所开展的工作做了大量的宣传报道，提高了绿眼睛的社会知名度。

但政府是一类非常特殊的利益主体，它也有自身的部门利益，而不仅仅是代表社会公众的整体利益。在参与社会经济生活过程中，政府也有着追求自身利益和部门发展的需求。从这点来看，政府支持绿眼睛的过程，也是政府追求和实现其部门利益的过程。在本书研究中，这点突出表现在团县委、林业局和环保局主动对绿眼睛提供支持，以及与其合作开展环保活动上。

媒体在绿眼睛的发展过程中也起着举足轻重的作用，从最初《苍南都市报》对绿眼睛获得福特环保奖的报道到后来绿眼睛与温广电台共同合作主持的环保节目“绿眼睛——青年的榜样”，都无疑扩大了绿眼睛的社会影响力，传播了组织的环保理念，为组织提供了社会合法性。绿眼睛很多活动的顺利开展也得益于媒体的关注报道，使更多的公众可以参与进来，如《党报热线》的“黑熊取胆”和广州的“护士鲨事件”事件。但媒体也有自身的利益诉求，在市场经济中，其也要考虑受众对新闻的选择，如媒体需要有新意的线索，报道需要在政治许可的范围内等，而绿眼睛在与其的互动中必须考虑这些，并采取相应的策略，尽量迎合媒体的需要。

作为一个民间社会组织，绿眼睛在发展中得到了社会公众的广泛支持。绿眼睛的志愿者人数最多时达到5000人，最初开展的很多活动也得益于会员的会费以及会员的参与。在政府不再直接拨款给任何社会组织的条件下，一个社会组织如果得不到一定社会范围的承认，就没有资源开展活动，甚至连注册需要的基本资金都无以筹措。社会公众选择是否支持一个社会组织主要考虑的就是组织的社会公信力问题，当组织开展的活动不能满足公众的需求时，他们就不会再支持该组织。所以，绿眼睛在发展中必须考虑社会公众的需求，即对待不同的社会公众必须采取不同的策略。对那些组织在开展活动中会触犯他们利益的某些个人和单位（如猎人、餐馆、酒楼等），不能直接与其冲突，而要采取媒体曝光、政府执法干预的方式让他们妥协。绿眼睛目前还没有实力与他们对簿公堂，如果可以的话，也不失为一个好策略。对组织发展起着至关重要的志愿者、其他非营利环保组织和人士必须采取一定的管理机制，规范组织的发展，以获得更多社会公众的支持和参与。

第二节　绿眼睛环保组织的资源输入与对其他主体依赖的显现

通过前面章节的分析我们可以清楚看出，无论是绿眼睛所需的资金、办公场地、办公设施、环保项目等实物性资源的供给方面，还是组织所需的制度、规范、合法性等非实物性资源的输入方面，政府、媒体、社会公众都起着至关重要的作用。这种支持在促进绿眼睛快速发展的同时，客观上也造成了组织的自主发展能力的欠缺和组织能动性的发挥，进而使组织对这些主体存在着不同程度的依赖。

20 世纪 60 年代，布劳在《社会生活中的交换与权力》中对权力进行了界定：权力是个人或群体置对立于不顾，以终止有规律的供给报酬的形式或以进行惩罚相威慑将其意志强加于他人之上的能力。一般而言，在交换中个人或群体有四种方式可获得独立性：(1)互换；(2)一种必要的服务可从替代来源获得；(3)运用强制力量迫使别人拿出必要的利益或服务的能力；(4)抑制对这些利益的需要。如果人们不能满足这四个条件中的任何一条，那么某一个能提供他或他们需要的人就获得了支配他们的权力。布劳又进一步归纳了权力大小的一些规律：(1)个人越没有供给者需要他能予以作为回报的东西，供给者的权力就越大；(2)如果接收者越是没有可替代的供给者可以求助，那么供给者的权力就越大；(3)如果接收者越是不能用强制手段获取其所需要的服务，那么供给者的权力就越大；(4)如果接收者没有得到服务或找到替代物，那么他不会使自己服从。[①] 在本书的研究中，组织在资金、办公设施、规范制度、合法性等资源方面对政府组织、媒体和其他社会组织的资金、技术形成了较强的依赖关系，对组织的发展及其与这些主体之间的关系产生了深刻的影响，这些资助方往往有"我出了钱、出了力，你就要去办事"的想法，进而影响了组织的独立性和自主性。

政府对绿眼睛的项目资金支持较少，而对于它们资助的项目，政府也很少去干涉组织的具体操作，主要是从其他方面控制绿眼睛。政府对组织的权力控制首先体现在其作为主管单位，对组织开展的各项活动的审查上，组织的一些活动必须事先写好项目计划书报业务主管单位审批。其次，对于给绿眼睛提供资助的组织和个人，必须得到政府部门的认可，要保证他们在政治上符合政府的要求。

组织对媒体的依赖性最突出的表现就是，组织很多活动的顺利开展需要媒体的广泛报道与介入，同时社会组织的发起者与参与者往往扮演着工作人员与社会组织工作人员的双重社会角色。产生这种依赖的原因是由我国特殊国情和发展阶段决定的。一方面，我国的法律、行政等职能仍不完善，不能很好地保障我国社会组织社会公共职能的发挥，因此组织不得不依赖媒体来发出声音，表达意见。另一方面，我国媒体从 20 世纪 90 年代起就踏上了市场改革之路，政府开始减少对媒体的财政拨款，使得媒体不得不需要自筹经费以获得生存发展的资源。媒体为了生存，需要兼顾多方面的要求，既要遵守新闻纪律，又要提供大众需要的新闻；媒体需要在传达党和政

① 谢立中.西方社会学名著提要[M].南昌：江西人民出版社，2008：280.

府的政策精神的同时，遵循新闻规律，提供有价值的新闻事件，这样才能在日益激烈的市场竞争中占有一席之地。

组织对公众的依赖在初期表现为对志愿者的参与和交纳的会费，因为组织最初很多活动的开展都得益于会员的会费，而现在在组织发展中更多地表现为对组织活动提供资金、技术支持的其他社会组织，组织需要根据资助方的要求开展活动，自主性明显下降。面对资助方数目不菲而组织又迫切需要的资金时，绿眼睛环保组织常常处于既希望保持自我独立性但又不得不顺从、迎合的矛盾心理中。

第三节　民间社会组织运作的困境：社会组织发展中的启示

绿眼睛环保组织从2000年的一无所有发展到2009年拥有16个专职工作人员、6个办公室（浙江2个，福建1个，广东1个，海南1个，辽宁1个）、旗下有3个在民政部门正式注册的法人公益机构（浙江温州绿眼睛环境文化中心，浙江苍南县绿眼睛青少年环境文化中心，福建福鼎市绿眼睛环保志愿者协会），指导各地2000多名青少年和社会志愿者开展环境文化活动的正式社会组织，再到现在（2021年）专注野生动物保护领域的环保工作，绿眼睛早已成为华东地区规模最大的环保NGO之一，其影响力不容小觑。近几十年来，我国社会组织蓬勃发展，但这并不表示社会组织获得了类似于西方非营利组织那样的自主性和独立性。由于我国的现代化模式是后发外生、政府主导，而且存在社会对政府强依赖的文化传统，这就决定了社会组织很难在社会层面上自发生成，而是需要在政府的主导和支持下生成和发展，两者之间极为复杂地交织在一起。我国社会组织发生的独特背景和发展路径决定了社会组织“在性质上与政府的补充性强、分权性弱；其发生领域、活动范围与政府让渡出来的空间密切相关；在类型上，执行性强、自治性弱；在功能上，服务性强、倡导性弱，以承接政府转型转移出的社会服务职能为主，倡导作用非常有限；机制上合作性强、独立性弱，受政府干预较多。在成长路径的选择上，也习惯于沿袭一种依托政府‘自上而下’的力量、以部分牺牲组织的独立与自治而换取其生存与发展的合法性。”①

通过绿眼睛创立和发展的过程，可以为我们提供这样的启示：从目前我国的社会现实条件来看，借助于政府、媒体、社会公众的力量和资源来促进社会组织的发育成长，对社会组织来说是一条切实可行的且是必经之路。只不过社会组织在获得这些大力扶持后，更应该培养和提高其自主运作能力，只有这样才可能真正体现民间社会组织的独立性和自主性。这就意味着我们需要放弃过去那种“一味强调非营利组织独立于政府和市场之外，并把与二者之间划清界限作为保护、滋养非营利组织独立性的最有效战略与手段”②的认识和做法，而是尽可能整合与利用政府、媒体、市场等资源，不断充实和提高组织的生存和发展能力。

第四节 讨论与展望：从绿眼睛的资源获取看我国社会组织的未来发展

绿眼睛为了生存，必然需要资源，而作为不以营利为目的的社会组织，其自身并不生产这些资源。因此，绿眼睛就必须与外部环境中的其他因素

① 贾西津.中国公民社会发育的三条路径[J].中国行政管理 2003(3)：23.

② 机乃华.非政府组织话语及其对中国妇女组织的影响[C]//载谭琳，刘伯红.中国妇女研究十年(1995—2005)：回应北京行动纲领.北京：社会科学文献出版社，2005：552.

进行互动。资金是社会组织最基本的资源之一，即绿眼睛必须拥有一定的资金，才能购买相应的设备、租用办公和活动场地、支付工作人员的工资，以及开展各种活动。社会组织要想开展专业的社会活动，也必须有相对固定的工作场所和一定的办公实施。此外，绿眼睛要想在民政局登记注册，必须有政府有关部门作为其行政主管单位。绿眼睛在与政府的互动中，政府为其提供了资金、办公场地、合法性三个方面的支持。在绿眼睛与政府的互动中，由于组织政府提供的合法性（政治合法性、行政合法性和法律合法性），这些资源没有可替代的资源，只能从政府这里获得，而政府部门对绿眼睛的依赖很少，主要还是依赖自身的资源来提供公共服务。这就决定了绿眼睛在与政府的互动中是非平衡的依赖关系，所以，绿眼睛便采取各种策略增加自身筹码，以获得政府的支持从而实现组织的目标。

在绿眼睛的发展中，与媒体的互动也是非常重要的，绿眼睛通过媒体的宣传报道，一方面传播环保知识，一方面扩大组织的社会影响，获得更多的社会支持。绿眼睛采取各种策略与媒体互动，希望借助媒体的力量引起人们对环保事件或环保问题的关注，并督促政府，制定有利于环保事业的政策，实现组织的环保宗旨。绿眼睛在互动中，表现出对媒体的过分依赖，需要媒体的广泛报道和介入才能使组织的很多活动得以顺利开展。

绿眼睛的另一重要互动主体就是社会公众了，包括组织的志愿者、工作人员，其他的社会组织及其工作人员。组织也采取了各种策略来获得支持，尤其是获得资助方的资金支持。组织对公众的依赖在初期表现在对志愿者的参与和交纳的会费上，因为组织最初很多活动的开展都得益于会员的会费；而现在随着组织的发展，更多地表现为对组织活动现提供资金、技术支持的其他社会组织的依赖，组织根据资助方的要求开展活动，自主性明显下降。

本书通过对一个民间环保社会组织的个案研究分析认为，我国的社会组织在未来发展中迫切需要提高两个方面的能力：第一是反思能力。在发展的过程中，社会组织能否时刻反思并警惕任何来自资助方、政府或其他力量和因素对组织发展方向的可能影响。第二是坚持能力，即社会组织能否始终一致地坚持组织创建之初的宗旨和使命，不偏离组织发展的基本方向，无论在什么情况下都不会迷失组织的前进方向。只有这样，社会组织才能保持自身的独立性和自主性。

参考文献

中文著作类

[1]埃德加·沙因.组织心理学[M].余凯成,等译.北京:经济管理出版社,1987.

[2]埃哈尔·费埃德伯格.权力与规则——组织行动的动力[M].张月,等译.上海:上海人民出版社,2005.

[3]艾尔·芭比.社会研究方法基础[M].邱泽奇,译.北京:华夏出版社,2005.

[4]毕篮武.社团革命:中国社团发展的经济学分析[M].济南:山东人民出版社,2003.

[5]彼德·布劳.社会生活中的交换与权力[M].孙非,张黎勤,译.北京:华夏出版社,1988.

[6]布坎南,安德杰·赫钦斯盖.组织行为学:第5版[M].李丽,闫长坡,何琳,等译.北京:经济管理出版社,2005.

[7]陈向明.质的研究方法与社会科学研究[M].北京:教育科学出版社,2000.

[8]邓国胜.非营利组织评估[M].北京:社会科学文献出版社,2001.

[9]邓国胜.公益项目评估:以"幸福工程"为案例[M].北京:社会科学文献出版社,2003.

[10]J. C. 亚历山大，邓正来.国家与市民社会：一种社会理论的研究路径[M].北京：中央编译出版社，1999.
[11]邓正来.市民社会理论的研究[M].北京：中国政法大学出版社，2002.
[12]黛布拉·L. 纳尔逊、詹姆斯坎贝尔奎克.组织行为学：基础、现实与挑战[M].桑强，等译.北京：中信出版社，2004.
[13]道格拉斯·C. 诺斯.制度、制度变迁与经济绩效[M].刘守英，译.北京：生活·读书·新知三联书店，1994.
[14]范丽珠.全球化下的社会变迁与非政府组织(NGO)[M].上海：上海人民出社，2003.
[15]富永健一.社会学原理[M].严立贤，等译.北京：社会科学文献出版社，1992.
[16]弗莱蒙特·E. 卡斯特，詹姆斯·E.罗森茨韦克.组织与管理：系统与权变的方法[M].傅严，等译.北京：中国社会科学出版社，2000.
[17]饭野春树.巴纳德组织理论研究[M].王利平，等译.北京：生活·读书·新知三联书店，2004.
[18]郭于华，杨宜音，应星.事业共同体：第三部门激励机制个案探索[M].杭州：浙江人民出版社，1999.
[19]龚咏梅.社团与政府的关系：苏州个案研究[M].北京：社会科学文献出版社，2007.
[20]耿跃东.权衡论：宏观社会组织原理通论[M].太原：北岳文艺出版社，2005.
[21]高丙中，袁瑞军.中国公民社会发展蓝皮书[M].北京：北京大学出版社，2008.
[22]何增科.公民社会与第三部门[M].北京：社会科学文献出版社，2000.
[23]黄小勇.中国民间组织报告(2009—2010)[M].北京：社会科学文献出版

社,2009.

[24]范丽珠.全球化下的社会变迁与非政府组织(NGO)[M].上海:上海人民出版社,2003.

[25]康晓光.权力的转移:转型时期中国权力格局的变迁[M].杭州:浙江人民出版社,1999.

[26]康晓光.NGO扶贫行为研究[M].北京:中国经济出版社,2001.

[27]李友梅.组织社会学及其决策分析[M].上海:上海大学出版社,2001.

[28]理查德·L.达夫特.组织理论与设计[M].王凤彬,等译.北京:清华大学出版社,2003.

[29]R.A.沙曼.组织理论与行为[M].郑永年,等译.柳州:广西人民出版社,1988.

[30]罗伯特·K.默顿.社会研究与社会政策[M].林聚任,等译.北京:三联书店,2001.

[31]李亚平,于海.第三域的兴起:西方志愿工作及志愿组织理论文选[M].上海:复旦大学出版社,1998.

[32]里贾纳·E.赫茨琳杰,等.非营利组织管理[M].许朝辉,等译.北京:中国人民大学出版社,2004.

[33]理查·霍尔著.组织:结构、过程及结果[M].张友星,等译.上海:上海财经大学出版社,2003.

[34]米歇尔·克罗齐耶,埃哈尔·费埃德伯格.行动者与系统:集体行动的政治学[M].张月,等译.上海:上海人民出版社,2007.

[35]迈克尔·I.哈里森.组织诊断:方法、模型与过程[M].龙筱红,张小山,译.重庆:重庆大学出版社,2007.

[36]马克斯·威尔.质的研究设计:一种互动的取向[M].重庆:重庆大学出版社,2007.

[37]秦晖.政府与企业以外的现代化：中西公益事业史比较研究[M].杭州：浙江人民出版社,1999.
[38]乔纳森·特纳.社会学理论的结构：第6版[M].邱泽奇，等译.北京：华夏出版社,2001.
[39]齐力，林本炫.质性研究方法与资料分析[M].嘉义：南华大学教育社会学研究所,2003.
[40]孙立平，晋军，何江穗，等.动员与参与：第三部门募捐机制个案研究[M].杭州：浙江人民出版社,1999.
[41]田凯.非协调约束与组织运作[M].北京：商务印书馆,2004.
[42]田玉荣，杨荣.非政府组织与社区发展[M].北京：社会科学文献出版社,2008.
[43]托马斯·R.戴伊.理解公共政策[M].彭勃，等译.北京：华夏出版社 2004.
[44]王名.中国民间组织30年(1978—2008)：走向公民社会[M].北京：社会科学文献出版社,2008.
[45]王名，刘国翰，何建宇.中国社团改革：从政府选择到社会选择[M].北京：社会科学文献出版社,2001.
[46]王名.清华发展研究报告2003：中国非政府公共部门[M].北京：清华大学出版社,2003.
[47]王名，刘培峰，等.民间组织通论[M].北京：时事出版社,2004.
[48]王颖，折晓叶，孙炳耀.社会中间层：改革与中国社团组织[M].北京：中国发展出版社,1993.
[49]王绍光.多元与统一：第三部门国际比较研究[M].杭州：浙江人民出版社,1999.
[50]王贻志，周锦尉.国外社会科学前沿(2002)[M].上海：上海社会科学出

版社,2003.

[51]王思斌.社会学教程[M].北京:北京大学出版社,2003.

[52]吴忠泽,陈金罗.社团管理工作[M].北京:中国社会出版社,1996.

[53]W.理查德·斯格特.组织理论:理性、自然和开放系统[M].黄洋,等译.北京:华夏出版社,2002.

[54]谢立中.西方社会学名著提要[M].南昌:江西人民出版社,2005.

[55]伊恩·斯迈利,约翰·黑利.NGO领导、策略与管理:理论与操作[M].陈玉华,译.北京:社会科学文献出版社,2005.

[56]俞可平.治理与善治[M].北京:社会科学文献出版社,2000.

[57]袁方.社会研究方法教程[M].北京:北京大学出版社,2004.

[58]喻国明.传媒影响力[M].广州:南方日报出版社,2003.

[59]周雪光.组织社会学十讲[M].北京:社会科学文献出版社,2003.

[60]詹姆斯·汤普森.行动中的组织:行政理论的社会科学基础[M].敬乂嘉,译.上海:上海人民出版社,2007.

[61]赵黎青.非营利部门与中国发展[M].香港:香港社会科学出版社,2001.

[62]中国青少年发展基金会,基金会发展研究委员会.处于十字路口的中国社团[M].天津:天津人民出版社,2001.

[63]郑杭生.中国特色社会学理论的运用:当代中国社会的热点问题[M].北京:中国人民大学出版社,2005.

[64]张静.法团主义[M].北京:中国社会科学出版社,1998.

[65]詹姆斯·科尔曼.社会理论的基础[M].邓方,译.北京:社会科学文献出社,1999.

中文期刊类

[1]安蓉泉.中国民间组织研究中的概念矛盾分析[J].国家行政学院学报,

2003(2):54-57.

[2]陈晓春，李苗苗.非营利组织的发展：动力、机制与作用[J].湖南大学学报(社会科学版)，2006(1):72-77.

[3]胡蓉.我国志愿者的激励机制探讨[J].成都教育学院学报，2006(1):70-72.

[4]邓丽雅，王金红.中国NGO生存与发展的制约因素：以广东番禺打工族文书处理服务部为例[J].社会学研究，2004(2):89-97.

[5]邓锁.开放组织的权力与合法性：对资源依赖与新制度主义组织理论的比较[J].华中科技大学学报(社会科学版)，2004(4):51-55.

[6]邓燕华，阮横俯.农村银色力量何以可能?：以浙江老年协会为例[J].社会学研究，2008(6):131-154，245.

[7]费显政.组织与环境的关系：不同学派评述与比较[J].国外社会科学，2006(3):15-21.

[8]费显政.资源依赖学派之组织与环境关系理论评介[J].武汉大学学报(哲学社会科学版)，2005(4):451-455.

[9]费显政.新制度学派组织与环境关系观述评[J].外国经济与管理，2006(8):10-18.

[10]范明林，程金.城市社区建设中政府于非政府组织互动关系的建立与演变：华爱社和尚思社区中心的个案研究[J].社会，2005(5):118-142.

[11]范明林，程金.核心组织的架空：强政府下社团运作分析：对H市Y社团的个案研究[J].社会，2007(5):114-133，208.

[12]高丙中.社会团体的兴起及其合法性问题(论文节选)[J].中国青年科技，1999(3):19-22.

[13]郭小聪，文明超.合作中的竞争：非营利组织与政府的新型关系[J].公共管理学报，2004(1):57-63，95.

[14]龚常，高义强.当代社团发展的问题与路径探讨[J].华中师范大学学报(人文社会科学版)，2003(4)：83-87.

[15]贾西津.海峡两岸暨香港公民社会指数比较[J].行政论坛，2007(6)：73-77.

[16]贾西津.中国公民社会发育的三条路径[J].中国行政管理，2003(3)：22-23.

[17]吉琳.转型时期社会服务型非营利组织的发育与约束：以上海乐群社工服务为例[D].上海：华东师范大学，2004.

[18]纪荔.媒体在环境保护中的角色：中澳比较研究[D].济南：山东大学，2008.

[19]康晓光.转型时期的中国社团(论文节选)[J].中国青年科技，1999(3)：11-14.

[20]康晓光，韩恒.分类控制：当前中国大陆国家与社会关系研究[J].社会学研究，2005(6)：30-41.

[21]刘祖云，胡蓉.中国社团的历史、现状及发展趋势初探[J].学术论坛，2004(1)：50-54.

[22]李友梅.当前社团组织的作用及其管理体系[J].探索与争鸣，2005(12)：39-41.

[23]刘求实，王名.改革开放以来中国社会组织的发展及其社会基础[J].学会，2010(10)：10-19.

[24]李汉林，渠敬东，夏传玲，等.组织和制度变迁的社会过程：一种拟议的综合分析[J].中国社会科学，2005(1)：94-108，207.

[25]李汉林，李路路.资源与交换：中国单位组织中的依赖性结构[J].社会学研究，1999(4)：20.

[26]刘文媛，张欢华.非营利组织运作中的国家参与：一项关于上海公益性非

营利组织的观察[J].社会,2004(11):23-28.

[27]李咏.中国NGO狭缝求生[J].财经,2002(13):15-18.

[28]李扬.重构与嵌入:社会转型时期我国非营利组织发展初探[D].南京:南京师范大学,2004.

[29]李友梅.民间组织与社会发育[J].探索与争鸣,2006(4):32-36.

[30]林遇昌.中国NGO面临的挑战与对策[J].社会福利,2003(6):11-16.

[31]林媛媛,曹倩.环保NGO探索与主流媒体互动[J].传媒观察,2008(9):39-40.

[32]刘玉照,应可为.社会学中的组织研究在研习和交流中走向规范[J].社会,2007(2):72-89.

[33]马迎贤.组织间关系:资源依赖视角的研究综述[J].管理评论,2005(2):55-62,64.

[34]任慧颖.非营利组织的社会行动与第三领域的建构[D].上海:上海大学,2005.

[35]任敏.如何做好中国组织社会学研究:2007年"组织社会学工作坊"综述[J].社会,2008(1):212-221.

[36]孙立平,晋军,何江穗.以社会化的方式重组社会资源:对"希望工程"资源动员过程的研究[J].三农中国,2006(11):53-66.

[37]孙炳耀.中国社会团体官民二重性问题[J].中国社会科学季刊(香港),1994(6):33-37.

[38]孙立平.改革前后中国大陆国家、民间统治精英及民众间互动关系的演变[J].中国社会科学季刊(香港),1994(1):15-19.

[39]沈洁.志愿者组织的运行机制研究:以嘉兴为例[D].上海:上海交通大学,2008.

[40]时立荣.交易成本对非营利组织解释的合理性与局限性:交往成本的提

出[J].创新,2010(3):107-110.

[41]唐斌.禁毒非营利组织及其运作机制研究[D].上海:上海大学,2006.

[42]唐斌.中国非营利组织研究述评[J].社会科学辑刊,2006(4):55-60.

[43]唐建光.中国非政府组织正在走向前台[J].新闻周刊,2004(24):18-19.

[44]陶庆.合法性的时空转换:以南方市福街草根民间商会为例[J].社会,2008(4):107-125,224-225.

[45]王颖.中国的社会中间层:社团发展与组织体系重构[J].中国社会科学,1994(6):19-23.

[46]吴锦良.政府与社会:从纵向控制向横向控制互动[J].浙江社会科学,2000(7):15-21.

[47]汪锦军.浙江政府与民间组织的互动机制:资源依赖理论的分析[J].浙江社会科学,2008(9):31-37,124.

[48]王名.中国NGO的发展现状及其政策分析[J].公共管理评论,2007(7):132-150.

[49]王名,陶传进.中国民间的组织现状与相关政策建议[J].中国行政管理,2004(1):70-73,96.

[50]王少华.大众传媒在非营利组织合法性建构中的作用:以中国青少年发展基金会为例[J].新视野,2005(1):45-47.

[51]王赞.浅谈我国非营利组织发展的困境及对策[J].法制与社会,2009(4):252-259.

[52]谢海定.中国民间组织的合法性困境[J].法学研究,2004(2):17-34.

[53]谢蕾.西方非营利组织理论研究的新进展[J].国家行政学院学报,2002(1):89-92.

[54]熊跃根.转型经济国家中"第三部门"的发展:对中国现实的解释[J].社会科学研究,2001(1):89-100.

[55]杨善华，孙飞宇.作为意义探究的深度访谈[J].社会学研究，2005(5):53-68,244.

[56]于晓虹，李姿姿.当代中国社团官民二重性的制度分析：以海淀区个私协会为个案[J].开放时代，2001(9):90-96.

[57]杨团.沪港非营利组织比较研究报告[J].杭州师范学院学报(人文社会科学版)，2001(11):52-58.

[58]杨海龙.社会资本与民间组织发展的关联[J].重庆社会科学，2010(7):62-64.

[59]郭道久，朱光磊.杜绝“新人”患“老病”：构建政府与第三部门间的健康关系[J].战略与管理，2004(3):93-100.

[60]朱光磊，陆明远.中国非营利组织的“二重性”及其监管问题[J].理论与现代化，2004(3):14-19.

[61]朱传一.第三部门及其社会作用[N].中国社会报，1999-05-18(3).

[62]张紧跟，庄文嘉.非正式政治：一个草根NGO的行动策略：以广州业主委员会联谊会筹备委员会为例[J].社会学研究，2008(2):133-150,245.

[63]张志祥.网络草根组织的生发机制探析[J].社会学研究，2008(11):115-119.

[64]张春榕.交易成本视角下的行业协会的经济学浅析[J].管理，2010(6):271.

外文部分

[1]ALAN FOWLER. NGO futures: beyond aid: NGO values and the fourth position[J]. Third world quarterly: 2000.

[2]BURTON WEISBROD. Toward a theory of the voluntary nonprofit sec-

tor in three-sector economy[M]// E. Phelps. ed. Altruism morality and economic theory[M]. New York:Russel Sage,1974.

[3]CYRIL RITCHIE. Coordinate? cooperate? harmonise? NGO policy and operational coalitions[J]. Third World Quarterly:1995.

[4]GORDON WHITE. Prospects civil society in China:a case study of Xiaoshan City[J]. Australian Journal of Chinese Affairs,No.29,1993:68.

[5]HENRY B HANSMANN. The role of nonprofit enterprise[M]. Yale Law Journal,1980.

[6]HALL P D. A history overview of the private nonprofit sector[M]// Walter W POWELL. The nonprofit sector: a research handbook[M]. Yale University Press,1987.

[7]L M SALAMON. Rethinking public management: third-party government and the changing forms of government action[J]. Public Policy,1981.

[8]LISA MCINTOSH SUNDSTROM . Foreign assistance, international norms, and NGO development international organization [M]. Cambridge University Press,2005.

[9]PFEFFER,JEFFREY,GERALD R SALANCIK. The external control of organizations:a resource dependence perspective[M]. New York: Harper and Row,1978.

[10]PFEFFER,JEFERY. Organizations and organizational theory, marshfield,mass[M]. London: Pitman Press,1982.

[11]ROBERT WUTHNOW. Between states and markets:the voluntary sector in comparative perspective[M]. Princeton, New Jersey: Princeton University Press,1991.

[12]ROB WELLS. NGO independence in the new funding environment[J].

Development in Practice, 2001.

[13]JESSICA GOMEZ-JAUREGUI. The feasibility of government partnerships with NGOs in the reproductive health field in Mexico[J]. Reproductive health matters, 2004.

[14]XIN ZHANG, RICHARD BAUM. Civil society and the anatomy of a rural NGO[J]. China journal , 2004.

附录一 访谈提纲

一、针对绿眼睛环保组织创始人及工作人员的访谈提纲

1.眼睛创建的直接原因。

2.绿眼睛是何时、通过怎样的过程建立的？经历了怎样的成长过程？组织结构、现有工作人员情况。

3.组织章程情况：组织章程原文；章程的制定、修改和执行情况；最近一次章程的修订及程序；会员与员工对于章程的了解程度等。

4.组织的领导机构和组织机构：最高权力机构，常设权力机构；领导人情况；业务主管单位及职责；组织内部结构；工作人员状况（学历、资历、年龄、报酬等）。

5.组织的决策机制：重大事务的决策过程；日常事务的决策过程；领导人的观念和意识，民主决策的程度；业务主管部门对社团决策的参与机制与参与程度等。

6.组织开展活动的情况，组织的资金来源情况

组织的外部关系情况：

1.组织与资助者的关系：是否有固定的资助者？与资助者之间是否建立

了长期稳定的信赖关系？有没有定期提供给资助者的报告或文书？

2.组织与政府部门的关系：与登记管理机关的关系如何？与业务主管部门的关系如何？是否得到了政府的资助或项目委托？获得政府什么样的资源支持？与政府有什么样的冲突？组织采取什么策略获得政府更多支持，实现组织目标的？政府官员兼职情况如何？

3.组织与媒体有哪些合作？获得什么样的资源支持？有什么样的冲突？组织采取什么策略获得媒体更多支持，实现组织目标？

4.组织与社会公众有哪些合作？获得什么样的资源支持？有什么样的冲突？组织采取什么策略获得社会公众更多支持，实现组织目标？组织采取什么方式动员和管理志愿者？

5.组织10年来所取得的工作成效，组织如何保持组织独立性？

6.组织在获取资源中遇到什么样的困难？组织未来的发展方向是怎样的？

7.对组织创始人工作的评价。

二、针对绿眼睛志愿者的访谈提纲

1.你是怎么知道绿眼睛的？为什么加入绿眼睛？

2.加入组织与自己的学习会不会冲突？老师和家长的态度怎样？

3.你参加过绿眼睛的哪些活动？加入绿眼睛后接受过组织的志愿者培训吗？

4.自从加入绿眼睛后，你的思想和行为有什么改变？

5.对绿眼睛组织和创始人的评价。

三、针对政府部门领导及工作人员的访谈提纲

1.您是怎么知道绿眼睛的？

2.为什么会选择与绿眼睛合作？政府与绿眼睛的合作方式是什么？

3.政府给绿眼睛提供了哪些支持？

4.为什么愿意成为绿眼睛的志愿者或委员？

5.对绿眼睛的评价。

四、针对与绿眼睛互动的其他非营利组织的工作人员

1.是怎么知道绿眼睛的？

2.为什么会选择与绿眼睛合作？贵组织与绿眼睛的合作方式是什么？

3.贵组织给绿眼睛提供了哪些支持？

4.对绿眼睛的评价。

五、针对媒体工作人员的访谈提纲

1.是怎么知道绿眼睛的？与绿眼睛的合作是主动还是被动？

2.为什么会选择绿眼睛？为什么愿意成为绿眼睛的志愿者或委员？

3.与绿眼睛有过哪些合作？对绿眼睛的评价。

附录二　绿眼睛章程(2008)

第一章　总则

第一条　本单位的名称是温州绿眼睛环保组织,简称绿眼睛。

第二条　本单位的性质由民间出资自愿举办从事环保公益活动的社会组织。

第三条　本单位的宗旨是遵守宪法、法律、法规和国家政策,遵守社会道德风尚;开展自然保护,促进公众参与,构建人与自然和谐发展。

第四条　本单位的登记管理机关是温州市民政局;本单位的业务主管单位是温州市环境保护局。

第五条　本单位的住所地是浙江省温州市温州大学城市学院9号楼B409。

第六条　本章程中的各项条款与法律、法规、规章不符的,以法律、法规、规章的规定为准。

第二章　举办者、开办资金和业务范围

第七条　本单位的举办者是方明和、陈上峰、黄小桃。

举办者享有下列权利:

(一)了解本单位经营状况和财务状况;

(二)推荐理事和监事;

(三)有权查阅理事会会议记录和本单位财务会计报告。

第八条　本单位开办资金:拾万元;出资者:方明和,金额:拾万。

第九条　本单位的业务范围:

(一)生态环保公益活动;

(二)野生动物救助、保护;

(三)公众参与,提供培训、咨询等服务。

第三章　组织管理制度

第十条　本单位设理事会,其成员为4人。理事会是本单位的决策机构。

理事由举办者、职工代表及志愿者代表推选产生。

理事每届任期4年,任期届满,连选可以连任。

第十一条　理事会行使下列事项的决定权:

(一)修改章程;

(二)业务活动计划;

(三)年度财务预算、决算方案;

(四)增加开办资金的方案;

(五)本单位的分立、合并或终止;

(六)聘任或者解聘本单位总干事和其提名聘任或者解聘的本单位副总干事及财务负责人;

(七)罢免、增补理事;

(八)内部机构的设置;

(九)制定内部管理制度;

(十)从业人员的工资报酬。

第十二条 理事会每年召开两次会议〔至少两次〕。有下列情形之一，应当召开理事会会议：

（一）理事长认为必要时；

（二）1/3 以上理事联名提议时。

第十三条 理事会设理事长 1 名，副理事长 1 名。理事长由理事会以全体理事的过半数选举产生或罢免。

第十四条 副理事长协助理事长工作，理事长不能行使职权时，由理事长指定的副理事长代其行使职权。

第十五条 召开理事会会议，应于会议召开 10 日前将会议的时间、地点、内容等一并通知全体理事。理事因故不能出席，可以书面委托其他理事代为出席理事会，委托书必须载明授权范围。

第十六条 理事会会议应由 1/2 以上的理事出席方可举行。理事会会议实行 1 人 1 票制。理事会作出决议，必须经全体理事的过半数通过。

下列重要事项的决议，须经全体理事的 2/3 以上通过方为有效：

（一）章程的修改；

（二）本单位的分立、合并或终止。

第十七条 理事会会议应当制作会议记录。形成决议的，应当当场制作会议纪要，并由出席会议的理事审阅、签名。理事会决议违反法律、法规或章程规定，致使本单位遭受损失的，参与决议的理事应当承担责任。但经证明在表决时反对并记载于会议记录的，该理事可免除责任。

理事会记录由理事长指定的人员存档保管。

第十八条 理事长行使下列职权：

（一）召集和主持理事会会议；

（二）检查理事会决议的实施情况；

（三）法律、法规和本单位章程规定的其他职权。

第十九条 本单位总干事对理事会负责,并行使下列职权:

(一)主持单位的日常工作,组织实施理事会的决议;

(二)组织实施单位年度业务活动计划;

(三)拟订单位内部机构设置的方案;

(四)拟订内部管理制度;

(五)提请聘任或解聘本单位副职和财务负责人;

(六)聘任或解聘内设机构负责人。

本单位总干事出席理事会会议。

第二十条 本单位设立监事。

监事任期与理事任期相同,任期届满,连选可以连任。

第二十一条 监事在举办者中产生或更换。

本单位理事、总干事及财务负责人,不得兼任监事。

第二十二条 监事行使下列职权:

(一)检查本单位财务;

(二)对本单位理事、总干事违反法律、法规或章程的行为进行监督;

(三)当本单位理事、总干事的行为损害本单位的利益时,要求其予以纠正。

监事列席理事会会议。

第二十三条 监事会会议实行1人1票制。监事会决议须经全体监事过半数表决通过,方为有效。

第四章 法定代表人

第二十四条 本单位的法定代表人为方明和。

第二十五条 担任本单位的法定代表人,需具备下列要求:

(一)坚持党的路线、方针、政策,政治素质好;

(二)身体健康，能坚持正常工作；

(三)未受过剥夺政治权利的刑事处罚；

(四)具有完全民事行为能力。

第五章　资产管理、使用原则及劳动用工制度

第二十六条　本单位经费来源：

(一)开办资金；

(二)政府资助；

(三)在业务范围内开展服务活动的收入；

(四)利息；

(五)捐赠；

(六)其他合法收入。

第二十七条　经费必须用于章程规定的业务范围和事业的发展，盈余不得分红。

第二十八条　执行国家规定的会计制度，依法进行会计核算，建立健全内部会计监督制度，保证会计资料合法、真实、准确、完整。

接受税务、会计主管部门依法实施的税务监督和会计监督。

第二十九条　配备具有专业资格的会计人员。会计不得兼出纳。会计人员调动工作或离职时，必须与接管人员办清交接手续。

第三十条　本单位换届或更换法定代表人之前必须进行财务审计。

第三十一条　本单位按照《民办非企业单位登记管理暂行条例》的规定，自觉接受登记管理机关组织的年度检查。

第三十二条　本单位劳动用工、社会保险制度按国家法律、法规及国务院劳动保障行政部门的有关规定执行。

第六章　章程的修改

第三十三条　本章程的修改,须经理事会表决通过后15日内,报业务主管单位审查同意,自业务主管单位审查同意之日起30日内,报登记管理机关核准。

第七章　终止和终止后资产处理

第三十四条　本单位有下列情形之一的,应当终止:

(一)完成章程规定宗旨的;

(二)无法按照章程规定的宗旨继续开展活动的;

(三)发生分立、合并的;

(四)自行解散的。

第三十五条　本单位终止,应当在理事会表决通过后15日内,报业务主管单位审查同意。

第三十六条　本单位办理注销登记前,应当在登记管理机关、业务主管单位和有关机关的指导下成立清算组织,清理债权债务,处理剩余财产,完成清算工作。

剩余财产,应当按照有关法律、法规的规定处理。清算期间,不进行清算以外的活动。

本单位应当自完成清算之日起15日内,向登记管理机关办理注销登记。

第三十七条　本单位自登记管理机关发出注销登记证明文件之日起,即为终止。

第八章 附则

第三十八条 本章程经2008年1月1日理事会表决通过。

第三十九条 本章程的解释权属理事会。

第四十条 本章程自登记管理机关核准之日起生效。

附录三　温州市绿眼睛生态保护中心章程(2012)

第一章　总则

第一条　本单位的名称是温州市绿眼睛生态保护中心。

第二条　本单位的性质是主要利用非国有资产、自愿举办、从事非营利性社会服务活动的社会组织。

第三条　本单位的宗旨是遵守宪法、法律、法规和国家政策,遵守社会道德风尚;传播生态文明,为构建人与自然的和谐社会而努力。

第四条　本单位的登记管理机关是温州市民政局。

第五条　本单位的住所地是温州市苍南公园山青少年宫

第六条　本章程中的各项条款与法律、法规、规章不符的,以法律、法规、规章的规定为准。

第二章　举办者、开办资金和业务范围

第七条　本单位的举办者是方明和。

举办者享有下列权利:

(一)了解本单位经营状况和财务状况;

(二)推荐理事和监事;

（三）有权查阅理事会会议记录和本单位财务会计报告。

第八条 本单位开办资金：0元；出资者：无，金额：0。

第九条 本单位的业务范围：

（一）自然环境保护；

（二）野生动物救护与栖息地保护；

（三）环境教育宣传；

（四）其他生态保护类项目。

第三章 组织管理制度

第十条 本单位设理事会，其成员为3人。理事会是本单位的决策机构。

理事由举办者（包括出资者）、职工代表（由全体职工推举产生）及有关单位（登记管理机关）推选产生。

理事每届任期4年，任期届满，连选可以连任。

〔有关单位主要指登记管理机关〕

第十一条 理事会行使下列事项的决定权：

（一）修改章程；

（二）业务活动计划；

（三）年度财务预算、决算方案；

（四）增加开办资金的方案；

（五）本单位的分立、合并或终止；

（六）聘任或者解聘本单位主任和其提名聘任或者解聘的本单位副主任及财务负责人；

（七）罢免、增补理事；

（八）内部机构的设置；

(九)制定内部管理制度;

(十)从业人员的工资报酬。

第十二条　理事会每年召开2次会议。有下列情形之一,应当召开理事会会议:

(一)理事长认为必要时;

(二)1/3以上理事联名提议时。

第十三条　理事会设理事长1名,副理事长1～2名。理事长、副理事长由理事会以全体理事的过半数选举产生或罢免。

第十四条　副理事长协助理事长工作,理事长不能行使职权时,由理事长指定的副理事长代其行使职权。

第十五条　召开理事会会议,应于会议召开10日前将会议的时间、地点、内容等一并通知全体理事。理事因故不能出席,可以书面委托其他理事代为出席理事会,委托书必须载明授权范围。

第十六条　理事会会议应由1/2以上的理事出席方可举行。理事会会议实行1人1票制。理事会作出决议,必须经全体理事的过半数通过。

下列重要事项的决议,须经全体理事的2/3以上通过方为有效:

(一)章程的修改;

(二)本单位的分立、合并或终止。

第十七条　理事会会议应当制作会议记录。形成决议的,应当当场制作会议纪要,并由出席会议的理事审阅、签名。理事会决议违反法律、法规或章程规定,致使本单位遭受损失的,参与决议的理事应当承担责任。但经证明在表决时反对并记载于会议记录的,该理事可免除责任。

理事会记录由理事长指定的人员存档保管。

第十八条　理事长行使下列职权:

(一)召集和主持理事会会议;

(二)检查理事会决议的实施情况；

(三)法律、法规和本单位章程规定的其他职权。

第十九条 本单位主任对理事会负责，并行使下列职权：

(一)主持单位的日常工作，组织实施理事会的决议；

(二)组织实施单位年度业务活动计划；

(三)拟订单位内部机构设置的方案；

(四)拟订内部管理制度；

(五)提请聘任或解聘本单位副职和财务负责人；

(六)聘任或解聘内设机构负责人；

本单位主任列席理事会会议。

第二十条 本单位设立监事，其成员为1人。

监事任期与理事任期相同，任期届满，连选可以连任。

第二十一条 监事在举办者(包括出资者)、本单位从业人员或有关单位推荐的人员中产生或更换。监事会中的从业人员代表由单位从业人员民主选举产生。

本单位理事、主任及财务负责人，不得兼任监事。

〔有关单位主要指登记管理机关〕

第二十二条 监事会或监事行使下列职权：

(一)检查本单位财务；

(二)对本单位理事、主任违反法律、法规或章程的行为进行监督；

(三)当本单位理事、主任的行为损害本单位的利益时，要求其予以纠正；

监事列席理事会会议。

第二十三条 监事会会议实行1人1票制。监事会决议须经全体监事过半数表决通过，方为有效。

第四章　法定代表人

第二十四条　本单位的法定代表人为理事长。

第二十五条　有下列情形之一的,不得担任本单位的法定代表人:

(一)无民事行为能力或者限制民事行为能力的;

(二)正在被执行刑罚或者正在被执行刑事强制措施的;

(三)正在被公安机关或者国家安全机关通缉的;

(四)因犯罪被判处刑罚,执行期满未逾3年,或者因犯罪被判处剥夺政治权利,执行期满未逾5年的;

(五)担任因违法被撤销登记的民办非企业单位的法定代表人,自该单位被撤销登记之日起未逾3年的;

(六)非中国内地居民的;

(七)法律、法规规定不得担任法定代表人的其他情形。

第五章　资产管理、使用原则及劳动用工制度

第二十六条　本单位经费来源:

(一)开办资金;

(二)政府资助;

(三)在业务范围内开展服务活动的收入;

(四)利息;

(五)捐赠;

(六)其他合法收入。

第二十七条　经费必须用于章程规定的业务范围和事业的发展,盈余不得分红。

第二十八条　执行国家规定的会计制度,依法进行会计核算,建立健全

内部会计监督制度，保证会计资料合法、真实、准确、完整。

接受税务、会计主管部门依法实施的税务监督和会计监督。

第二十九条 配备具有专业资格的会计人员。会计不得兼出纳。会计人员调动工作或离职时，必须与接管人员办清交接手续。

第三十条 本单位换届或更换法定代表人之前必须进行财务审计。

第三十一条 本单位按照《民办非企业单位登记管理暂行条例》的规定，自觉接受登记管理机关组织的年度检查。

第三十二条 本单位劳动用工、社会保险制度按国家法律、法规及国务院劳动保障行政部门的有关规定执行。

第六章 章程的修改

第三十三条 本章程的修改，须经理事会表决通过后30日内报登记管理机关核准。

第七章 终止和终止后资产处理

第三十四条 本单位有下列情形之一的，应当终止：

（一）完成章程规定宗旨的；

（二）无法按照章程规定的宗旨继续开展活动的；

（三）发生分立、合并的；

（四）自行解散的。

第三十五条 本单位终止，应当在理事会表决通过后15日内，报登记管理机关审查同意。

第三十六条 本单位办理注销登记前，应当在登记管理机关和有关机关的指导下成立清算组织，清理债权债务，处理剩余财产，完成清算工作。

剩余财产，应当按照有关法律、法规的规定处理。清算期间，不进行清算以外的活动。

本单位应当自完成清算之日起15日内,向登记管理机关办理注销登记。

第三十七条　本单位自登记管理机关发出注销登记证明文件之日起,即为终止。

第八章　附则

第三十八条　本章程经2012年12月1日理事会表决通过。

第三十九条　本章程的解释权属理事会。

第四十条　本章程自登记管理机关核准之日起生效。

附录四　社会团体登记管理条例

（2016 年 2 月 6 日修正版）

（1998 年 10 月 25 日国务院令第 250 号发布

根据 2016 年 02 月 06 日国务院令第 666 号《国务院关于修改部分行政法规的决定》修订）

目录

第一章　总　则

第一条　为了保障公民的结社自由，维护社会团体的合法权益，加强对社会团体的登记管理，促进社会主义物质文明、精神文明建设，制定本条例。

第二条　本条例所称社会团体，是指中国公民自愿组成，为实现会员共同意愿，按照其章程开展活动的非营利性社会组织。

国家机关以外的组织可以作为单位会员加入社会团体。

第三条　成立社会团体，应当经其业务主管单位审查同意，并依照本条例的规定进行登记。

社会团体应当具备法人条件。

下列团体不属于本条例规定登记的范围：

（一）参加中国人民政治协商会议的人民团体；

（二）由国务院机构编制管理机关核定，并经国务院批准免于登记的团体；

（三）机关、团体、企业事业单位内部经本单位批准成立、在本单位内部活动的团体。

第四条　社会团体必须遵守宪法、法律、法规和国家政策，不得反对宪法确定的基本原则，不得危害国家的统一、安全和民族的团结，不得损害国家利益、社会公共利益以及其他组织和公民的合法权益，不得违背社会道德风尚。

社会团体不得从事营利性经营活动。

第五条　国家保护社会团体依照法律、法规及其章程开展活动，任何组织和个人不得非法干涉。

第六条　国务院民政部门和县级以上地方各级人民政府民政部门是本级人民政府的社会团体登记管理机关（以下简称登记管理机关）。

国务院有关部门和县级以上地方各级人民政府有关部门、国务院或者县级以上地方各级人民政府授权的组织，是有关行业、学科或者业务范围内社会团体的业务主管单位（以下简称业务主管单位）。

法律、行政法规对社会团体的监督管理另有规定的，依照有关法律、行政法规的规定执行。

第二章 管辖

第七条 全国性的社会团体，由国务院的登记管理机关负责登记管理；地方性的社会团体，由所在地人民政府的登记管理机关负责登记管理；跨行政区域的社会团体，由所跨行政区域的共同上一级人民政府的登记管理机关负责登记管理。

第八条 登记管理机关、业务主管单位与其管辖的社会团体的住所不在一地的，可以委托社会团体住所地的登记管理机关、业务主管单位负责委托范围内的监督管理工作。

第三章 成立登记

第九条 申请成立社会团体，应当经其业务主管单位审查同意，由发起人向登记管理机关申请登记。

筹备期间不得开展筹备以外的活动。

第十条 成立社会团体，应当具备下列条件：

（一）有50个以上的个人会员或者30个以上的单位会员；个人会员、单位会员混合组成的，会员总数不得少于50个；

（二）有规范的名称和相应的组织机构；

（三）有固定的住所；

（四）有与其业务活动相适应的专职工作人员；

（五）有合法的资产和经费来源，全国性的社会团体有10万元以上活动资金，地方性的社会团体和跨行政区域的社会团体有3万元以上活动资金；

（六）有独立承担民事责任的能力。

社会团体的名称应当符合法律、法规的规定，不得违背社会道德风尚。社会团体的名称应当与其业务范围、成员分布、活动地域相一致，准确反映其特征。全国性的社会团体的名称冠以“中国”、“全国”、“中华”等字样的，应当按照国家有关规定经过批准，地方性的社会团体的名称不得冠以“中国”、“全国”、“中华”等字样。

第十一条　申请登记社会团体，发起人应当向登记管理机关提交下列文件：

（一）登记申请书；

（二）业务主管单位的批准文件；

（三）验资报告、场所使用权证明；

（四）发起人和拟任负责人的基本情况、身份证明；

（五）章程草案。

第十二条　登记管理机关应当自收到本条例第十一条所列全部有效文件之日起60日内，作出准予或者不予登记的决定。准予登记的，发给《社会团体法人登记证书》；不予登记的，应当向发起人说明理由。

社会团体登记事项包括：名称、住所、宗旨、业务范围、活动地域、法定代表人、活动资金和业务主管单位。

社会团体的法定代表人，不得同时担任其他社会团体的法定代表人。

第十三条　有下列情形之一的，登记管理机关不予登记：

（一）有根据证明申请筹备的社会团体的宗旨、业务范围不符合本条例第四条的规定的；

（二）在同一行政区域内已有业务范围相同或者相似的社会团体，没有必要成立的；

（三）发起人、拟任负责人正在或者曾经受到剥夺政治权利的刑事处罚，或者不具有完全民事行为能力的；

（四）在申请登记时弄虚作假的；

（五）有法律、行政法规禁止的其他情形的。

第十四条 社会团体的章程应当包括下列事项：

（一）名称、住所；

（二）宗旨、业务范围和活动地域；

（三）会员资格及其权利、义务；

（四）民主的组织管理制度，执行机构的产生程序；

（五）负责人的条件和产生、罢免的程序；

（六）资产管理和使用的原则；

（七）章程的修改程序；

（八）终止程序和终止后资产的处理；

（九）应当由章程规定的其他事项。

第十五条 依照法律规定，自批准成立之日起即具有法人资格的社会团体，应当自批准成立之日起60日内向登记管理机关提交批准文件，申领《社会团体法人登记证书》。登记管理机关自收到文件之日起30日内发给《社会团体法人登记证书》。

第十六条 社会团体凭《社会团体法人登记证书》申请刻制印章，开立银行账户。社会团体应当将印章式样和银行账号报登记管理机关备案。

第十七条 社会团体的分支机构、代表机构是社会团体的组成部分，不具有法人资格，应当按照其所属于的社会团体的章程所规定的宗旨和业务范围，在该社会团体授权的范围内开展活动、发展会员。社会团体的分支机构不得再设立分支机构。

社会团体不得设立地域性的分支机构。

第四章 变更登记、注销登记

第十八条 社会团体的登记事项需要变更的，应当自业务主管单位审查同意之日起30日内，向登记管理机关申请变更登记。

社会团体修改章程，应当自业务主管单位审查同意之日起30日内，报登记管理机关核准。

第十九条　社会团体有下列情形之一的，应当在业务主管单位审查同意后，向登记管理机关申请注销登记：

（一）完成社会团体章程规定的宗旨的；

（二）自行解散的；

（三）分立、合并的；

（四）由于其他原因终止的。

第二十条　社会团体在办理注销登记前，应当在业务主管单位及其他有关机关的指导下，成立清算组织，完成清算工作。清算期间，社会团体不得开展清算以外的活动。

第二十一条　社会团体应当自清算结束之日起15日内向登记管理机关办理注销登记。办理注销登记，应当提交法定代表人签署的注销登记申请书、业务主管单位的审查文件和清算报告书。

登记管理机关准予注销登记的，发给注销证明文件，收缴该社会团体的登记证书、印章和财务凭证。

第二十二条　社会团体处分注销后的剩余财产，按照国家有关规定办理。

第二十三条　社会团体成立、注销或者变更名称、住所、法定代表人，由登记管理机关予以公告。

第五章　监督管理

第二十四条　登记管理机关履行下列监督管理职责：

（一）负责社会团体的成立、变更、注销的登记；

（二）对社会团体实施年度检查；

（三）对社会团体违反本条例的问题进行监督检查，对社会团体违反本条例的行为给予行政处罚。

第二十五条 业务主管单位履行下列监督管理职责：

（一）负责社会团体成立登记、变更登记、注销登记前的审查；

（二）监督、指导社会团体遵守宪法、法律、法规和国家政策，依据其章程开展活动；

（三）负责社会团体年度检查的初审；

（四）协助登记管理机关和其他有关部门查处社会团体的违法行为；

（五）会同有关机关指导社会团体的清算事宜。

业务主管单位履行前款规定的职责，不得向社会团体收取费用。

第二十六条 社会团体的资产来源必须合法，任何单位和个人不得侵占、私分或者挪用社会团体的资产。

社会团体的经费，以及开展章程规定的活动按照国家有关规定所取得的合法收入，必须用于章程规定的业务活动，不得在会员中分配。

社会团体接受捐赠、资助，必须符合章程规定的宗旨和业务范围，必须根据与捐赠人、资助人约定的期限、方式和合法用途使用。社会团体应当向业务主管单位报告接受、使用捐赠、资助的有关情况，并应当将有关情况以适当方式向社会公布。

社会团体专职工作人员的工资和保险福利待遇，参照国家对事业单位的有关规定执行。

第二十七条 社会团体必须执行国家规定的财务管理制度，接受财政部门的监督；资产来源属于国家拨款或者社会捐赠、资助的，还应当接受审计机关的监督。

社会团体在换届或者更换法定代表人之前，登记管理机关、业务主管单位应当组织对其进行财务审计。

第二十八条 社会团体应当于每年3月31日前向业务主管单位报送上一年度的工作报告，经业务主管单位初审同意后，于5月31日前报送登记管理机关，接受年度检查。工作报告的内容包括：本社会团体遵守法律法规和国家政策的情况、依照本条例履行登记手续的情况、按照章程开展活动的情况、人员和机构变动的情况以及财务管理的情况。

对于依照本条例第十七条的规定发给《社会团体法人登记证书》的社会团体，登记管理机关对其应当简化年度检查的内容。

第六章 罚 则

第二十九条 社会团体在申请登记时弄虚作假，骗取登记的，或者自取得《社会团体法人登记证书》之日起1年未开展活动的，由登记管理机关予以撤销登记。

第三十条 社会团体有下列情形之一的，由登记管理机关给予警告，责令改正，可以限期停止活动，并可以责令撤换直接负责的主管人员；情节严重的，予以撤销登记；构成犯罪的，依法追究刑事责任：

（一）涂改、出租、出借《社会团体法人登记证书》，或者出租、出借社会团体印章的；

（二）超出章程规定的宗旨和业务范围进行活动的；

（三）拒不接受或者不按照规定接受监督检查的；

（四）不按照规定办理变更登记的；

（五）违反规定设立分支机构、代表机构，或者对分支机构、代表机构疏于管理，造成严重后果的；

（六）从事营利性的经营活动的；

（七）侵占、私分、挪用社会团体资产或者所接受的捐赠、资助的；

（八）违反国家有关规定收取费用、筹集资金或者接受、使用捐赠、资助的。

前款规定的行为有违法经营额或者违法所得的，予以没收，可以并处违法经营额1倍以上3倍以下或者违法所得3倍以上5倍以下的罚款。

第三十一条 社会团体的活动违反其他法律、法规的，由有关国家机关依法处理；有关国家机关认为应当撤销登记的，由登记管理机关撤销登记。

第三十二条 筹备期间开展筹备以外的活动，或者未经登记，擅自以社会团体名义进行活动，以及被撤销登记的社会团体继续以社会团体名义进行活动的，由登记管理机关予以取缔，没收非法财产；构成犯罪的，依法追究刑事责任；尚不构成犯罪的，依法给予治安管理处罚。

第三十三条 社会团体被责令限期停止活动的，由登记管理机关封存《社会团体法人登记证书》、印章和财务凭证。

社会团体被撤销登记的，由登记管理机关收缴《社会团体法人登记证书》和印章。

第三十四条 登记管理机关、业务主管单位的工作人员滥用职权、徇私舞弊、玩忽职守构成犯罪的，依法追究刑事责任；尚不构成犯罪的，依法给予行政处分。

第七章 附 则

第三十五条 《社会团体法人登记证书》的式样由国务院民政部门制定。

对社会团体进行年度检查不得收取费用。

第三十六条 本条例施行前已经成立的社会团体，应当自本条例施行之日起1年内依照本条例有关规定申请重新登记。

第三十七条 本条例自发布之日起施行。1989年10月25日国务院发布的《社会团体登记管理条例》同时废止。

附录五　关于绿眼睛环保组织的相关文献资料

1.中国民间环保组织最年轻的“掌门”

他是中国民间环保组织最年轻的负责人，17 岁时就得到全球环保最高荣誉——“福特环保奖”。

在别人眼中，他是一个天性安静的孩子，但为了环保，他却能义无反顾地冲出去，甚至因此放弃了上大学的机会。

绿眼睛的负责人方明和　徐楠/图

“就算我们局长，也没有被解振华接见过啊！”

温州市环保局员工说的是方明和。5年前，当方明和从国家环保总局局长解振华手中接过“福特环保奖”的时候，他还是一个17岁的高一学生。

那以后，环保界的长辈们常在信中鼓励他，“首先要读好书，上大学……”

然而，5年后的今天，方明和依然远远站在大学门墙之外。他现在最常待的地方，是少年宫那间简单的办公室。那是他3年前发起成立的环保组织——绿眼睛的办公地点。因为绿眼睛，他成了中国最年轻的民间环保组织的法人代表。

绿眼睛最多的时候拥有5000个注册会员，并在北京、武汉、西安等地设置了分支机构。在过去3年里，绿眼睛多次获得联合国 Roots & Shoots 年度成就奖，还获得过中国政府“地球奖”，成为国内获奖级别最高的环保组织。

方明和也会时常出入大学校园，不久前，他还登上温州大学的讲台，做题为《青年赋权的温州模式》的演讲。

台下那些热切的眼睛曾让他心动——如果不是选择绿眼睛而放弃高考，他或许也会坐在他们中间，而不是像现在这样站在讲台上。

为沉默者请命

方明和对动物有一种亲近感，他觉得自己能感受到他们的感情，每次看到被伤害的动物，“仿佛是自己的亲人受到了伤害”。

每天早上，方明和都会先去天台放飞信鸽。“看着他们飞起来，我就觉得自己也自由了！”

有一年的5月份，各种各样的会议、培训让他在外面一连跑了二十多天，看鸽子飞起来似乎也就成了他一种享受。

不过，这样的辛苦也有收获。不久后，就有两个组织表示愿意向绿眼睛提供资助，这让方明和长长松了一口气，因为这意味着"今年（'绿眼睛'）活下来应该没问题了"。

方明和是一个喜欢安静的人。"强烈希望安静"的时候，就"自己一个人去野外海边走走，看看鸟什么的，和自然在一起我什么烦恼都没有"。

但方明和也同样喜欢"一切按照既定的规则"，为了环保，方明和知道，"很多时候，我必须冲出去"。

据温州市环保局宣教主任林春回忆："最开始，方明和见了记者要脸红的，话都不敢讲。"2001 年，他向苍南县环保局提出举办"爱鸟周"宣传活动的建议，还是"壮着胆子"提的。

但这个平素言辞不多的男孩，为了留下捕猎野生动物的证据，会在猎人枪响之后，不顾一切地冲上去拍照片，惊得开枪者大喊："你不要命了！"

2000 年，方明和暗访了广东野生动物贸易黑市。这个从小"心软"的男孩，为一幕幕血淋淋的场景而触动，觉得自己必须做点什么，这就是绿眼睛的缘起。

对于现在自己所做的一切，方明和这样概括："以来自民间的力量去制衡社会一些不公平、不正义的公共事务，尤其是环境，因为大自然自己不会说话，所以我们要为他们代言。"

一个天性安静的人，要为大自然请命——因为大自然不会说话，比他自己还要沉默。

绿眼睛的真正开始

高三是人生中一个最关键的十字路口，而方明和的高三，是在与学校的对峙中度过的。

领回"福特环保奖"之后，方明和成了学校的"学习的对象"。一个 17 岁的少年，平生第一次走进人民大会堂，当环保总局局长亲手将奖杯递过来，多年后他还记得自己当时“心跳得很快，一遍一遍对自己发誓：这辈子就做环保了！”

现实，毕竟不是17岁的梦。不久后，学校提出：将奖牌归为学校。

曾经有3天，方明和无法拿到他们的奖状。等再一次将它抱在怀里时，他哭了，发誓再也不让任何人把它夺走。绿眼睛作为一个非政府组织的历程，这才真正开始了。

2003年是绿眼睛的关键时期，方明和到处查阅关于“民间组织管理”的相关法律。民政部门认为：在校生不宜发起社会组织，理由是“政治成熟度”不够。他们表示：以后方明和上了大学，团体怎么办？

方明和决定不再去学校了。这解决了绿眼睛“政治成熟度”的问题，但方明和却迷茫起来。每天上学的时间，看着别人都读书去了，方明和说，“那种感觉真是……”他不知道自己能坚持多久，今后怎样也没底，只是隐约觉得，以后会好起来的。

在那个别人忙着高考的夏天，绿眼睛正式获得民办非企业的注册身份，他成为环保界最年轻的法人代表。他与大学从此天各一方。

方明和的案头，是一幅珍·古道尔博士的照片，珍·古道尔博士是毕生致力于野生动物研究和保护的联合国和平大使，他曾说方明和“是个非常勇敢的孩子”。

一抬眼，方明和就能遇到这位长者的目光。他说，“没有获奖的时候能坚持走下来，靠的就是前辈们的鼓励。”

晚上，他喜欢一个人开着台灯，坐在音乐声中，他说“这样就不孤独”。

他最喜欢听的歌，叫做《我们都是好孩子》：“我们都是好孩子，最最天真的孩子，灿烂的孤单的变遥远的啊；我们都是好孩子，异想天开的孩子，在一起为幸福落泪啊……”

外出参加环保界活动，常有人惊叹方明和的年轻，他会平静地说："我没有读大学。"

一个老成的孩子

方明和成了当地的名人，他在浙江的多所高校、中学做演讲，也有了自己众多的崇拜者。苍南甚至有家长这样教育自己孩子："你不读书？除非你能做到方明和那样！"

苍南县林业局林政科科长陈加海说："绿眼睛在野生动物保护上的知识，不比我们这些专业人员差。"

在温州市环保局宣教处主任林春眼中，方明和是一个22岁的大孩子。他虽然也会在救助园的鸟笼前模仿凤头鹰左右摇摆的滑稽姿态，但做事情却是"绝对的雷厉风行"。

不过，看上去方明和不像22岁的样子——他眼角生着明显的鱼尾纹。林春说："这几年，他变化太大了。"

方明和慢慢熟悉了能达成目标的最直接方式。不久前，绿眼睛抓到了野生动物贩卖的证据，因为过了上班时间，搬不动林业警察，他就直接打电话给市林业局的领导。

当林警赶到后，他却感慨说："我终于给那两只猫头鹰报仇了！"

他自己曾总结说，"以前，我们会因反对动物活体展览而上街抗议，会在街上与动物贩子争吵，还想过和一些执法不力的部门对着干，但是后来我们越发明白了这个社会，明白对着干是没用的，明白要低调地做人和做事，明白要开展建设性的合作。"

三年前领取"地球奖"时，方明和认识了香港地球之友总干事吴方笑薇。由此，他第一次接触到"非政府组织(NGO)"的概念。

在温州大学，他宣讲着这样的内容："今天的青年，应当更多地关注和参与公共事务，主动促进社会公共事务的‘青年赋权’。温州在这方面有独特的优势：因为其民间经济力量活跃，社会相对更健全。”

他的案头摆着《美国市民社会研究》。

他现在清楚地知道：绿眼睛走过的2000年到2005年，“赶上了国内NGO发展时机最好的几年”。

方明和的很多言谈，使人难以相信其出自一个22岁青年之口。但这个年轻的环保组织“掌门”，遇到困难、问题时，还会跑到外公那求助。

独树一帜的绿眼睛

国际“福特环保奖”评委会评估员郭雨在苍南与绿眼睛会员座谈时，她问：“大家感到辛苦吗？”围在她身边的中学生听到这句话，竟一个个哭了起来。

方明和一直住在温州市苍南县少年宫一间不足10平方米的屋子里。有时候，这间屋子要挤着住进5个人，除两张高低床之外，还要打地铺。

同样位于少年宫的办公室，窗外有3只鸺鹠、4只凤头鹰和1只雏鹰，还有一群山鸡不时发出“咕咕”的声音——那是绿眼睛的动物救助基地。

入住少年宫之前，他们曾住在水库宿舍的地下室，曾在空场上搭帐篷，“旁边就是厕所。窗户一开，是30多条流浪狗。”

绿眼睛没有固定收入，除了一些环保机构的捐助，主要靠具体的项目经费来运转。

方明和每月的固定“收入”是800元的生活补贴，但经常拿不到这个数目。

他挑食，但他每顿饭的标准很少超过5元钱。

他不看电视，不爱打游戏，不玩球，没有特殊的事情，就一定在办公室里。

这样的生活，已经三年。

林春从2003年开始与绿眼睛合作，这个30多岁的成年人说："他们能做到今天，真的让我们这些成年人特别感慨。"

绿眼睛以行动反对野生动物非法贸易。方明和每个月都会有几次，"到菜场、野味馆去转转，看他们有没有捕杀保护类野生动物"。他们也经常跟踪盗猎者，收集证据，协助林警办案。

今天，绿眼睛有2000余名会员。在苍南，几乎每一所中学、中等专业学校都有绿眼睛成员。绿眼睛每年救助猫头鹰、黑翅鸢、豪猪等动物300多只，到目前已经救助过猛禽200多只，蛙类七八百只。

在国内目前的环保团体中，以这样小的年纪直接参与野生动物保护和非法贸易打击，绿眼睛独树一帜。

（记者：徐楠，南方周末，2006-06-15）

2.为了绿眼睛社团，方明和放弃高考

环保为生

据苍南县环保局宣教主任林春回忆："开始，方明和与我们见面都要脸红的，话都不敢讲。"而为了留下捕猎野生动物的证据，他会在猎人枪响之后，不顾一切地冲上去拍照片，惊得开枪者大喊："你不要命了！"

方明和最常待的地方，就是苍南县少年宫一间简单的办公室。2006年7月记者到苍南第一次采访方明和时，他正从永嘉回来为志愿者补充供给。一脸黝黑的他激动地说着到山林里营救鹭鸟的经过：6月30日晚，6名安徽籍盗猎者在永嘉县杨家山村山上捕获了600多只夜鹭幼鸟，当天晚上，盗猎

分子被公安局逮捕，400 多只活着的幼鸟被放归山林。不久，村民便发现大批幼鸟饿死在溪流边。方明和在当地媒体上得知情况后，带领绿眼睛志愿者和村民，在近 40 摄氏度高温下搜遍了整座山……搜救到了断食 5 天的 200 多只小生命，这些夜鹭幼鸟被安置在一间老房子内，由志愿者进行 24 小时轮流守护。

“今天下山，我们的供给没有了，我得马上回去，那里不能缺人，志愿者也要换一批了。”方明和一边整理衣物，一边告诉记者。

后来听说，他和 30 多位志愿者轮流守护和喂养，一直坚持到 7 月 22 日，从 200 只幸存的夜鹭幼鸟中，救活了 80 多只。

方明和从小喜欢小动物，在家庭的动荡中，身边的小狗和各种小鸟成为他的知心朋友。

2000 年，16 岁的方明和从报纸上看到在广东有个野生动物贸易黑市，暑假一到，他便向外公要了 500 元钱，搭当地的货车来到了在广东做生意的妈妈那里，他没有在妈妈的店里待上半天，就拿起地图出去找这个野生动物贸易黑市了。

开学后，方明和与三个学校的 12 名好朋友组成的学生自然考察队成立了。第 2 年，考察队正式取名为绿眼睛，很快在当地的中学生中影响越来越大。

2001 年 10 月 29 日，17 岁的方明和获得的全球环保最高荣誉——“福特环保奖”在人民大会堂颁奖。颁奖台上只有方明和是一个学生。当他从当时的国家环保总局局长解振华手中接过“福特环保奖”的时候，心跳得很快，在心里一遍一遍对自己发誓：“这辈子就做环保了！”

环保界的长辈们常在信中鼓励他，“首先要读好书，上大学……”，然而，方明和认为做自己喜欢的事比上大学更重要。

别人都在准备高考，他却在四处查阅关于“民间组织管理”的相关法律。

由于有关部门不同意他由在校生身份组建“社团”，方明和决定不再去学校了。

在那个同学们忙着高考的夏天，绿眼睛正式获得民间社团的注册身份，方明和成了中国最年轻的民间环保组织的法人代表。

艰难生存

绿眼睛一直来没有固定收入，除了一些环保机构的捐助，主要靠具体的项目经费来运转。遇到困难、问题时，方明和还会跑到外公那里求助。方明和每月的固定“收入”是800元的生活补贴，但经常拿不到这个数目。他挑食，但他每顿饭的标准很少超过5元钱。他不看电视，不爱打游戏，不玩球，没有特别的事情，就一定在办公室里。这样的生活，已经3年了。

有一天，正在上海培训的方明和在电话里高兴地告诉记者，有两个单位表示愿意向绿眼睛提供资助，这意味着今年绿眼睛活下来应该没问题了。

艰难的生存成就了身份的转变。以前，他会因反对动物活体展览而上街抗议，与动物贩子争吵，但是后来他越发明白了，重要的是建设性的合作和发动。

别样人生

经过3年时间，方明和与他的绿眼睛先后获得联合国 Roots & Shoots 年度成就奖、中国政府“地球奖”等30多次的奖励；其中个人还获得了首批浙江省公益使者荣誉称号、浙江省优秀青年志愿者等荣誉。

以前，方明和生性沉默胆小，现在他很健谈。他在浙江的多所高校、中学作过报告，也到过上海的复旦大学做演讲。他讲的最多的是，绿眼睛作为一个注册会员达5000多人的民间环保组织，它的使命不光是在环保，而是要以推动公众参与的方式来实现人与自然的和谐发展。

这3年来，一直和方明和生活在一起的外公也改变了对外甥不读书的看法，并资助了绿眼睛3万元注册资金。这位65岁的老人陈绍海告诉记者："我最小的儿子去年医大毕业了，到现在还没找到工作。我也想通了，只要选自己喜欢做的事，做个对社会有用的人就可以了。读不读大学并不重要，读了大学，今后也是为社会做事的。"

但是很多家长觉得像方明和这样放弃读书是不现实的，对其他孩子的教育也没有复制性，不值得提倡。因为不管在什么时候，无论是生存还是做事，哪怕是从事环保，掌握知识总是前提。

不过，对方明和来说，不读大学并不意味着他不要知识。他边做边学，通过各种培训学习知识，特别是环保、法律、公民社会等。正因为他所学来源于社会和现实生活，所以每次站在大学的讲台上，他的滔滔不绝让人无法相信他只是一个高中毕业生。

在苍南，有家长这样教育自己孩子："你不读书？除非你能做到方明和那样！"

而方明和对自己当初的选择从来没后悔过。人最终都是为了对社会有益这个目的而体现价值的，从这个角度讲，他跟其他人不过是殊途同归而已。

回想起在大学演讲时台下那些热切的眼睛，他说："如果我不是选择绿眼睛而放弃高考，自己或许也会坐在他们中间，而不是像现在这样站在讲台上。"

3.映绿公益研究报告之绿眼睛故事：漫漫注册路

2000年，从小热爱动物的方明和只身前往广东暗访野生动物贸易黑市。那里血淋淋的画面在他脑海里留下了很深的印记。回到学校，他向同学展示了一幅幅触目惊心的照片，讲述了他此次的暗访之行。感动于动物的悲惨命运和方明和的凛凛正气。班上的几名同学赞同他成立环保小团体的想法。秋季的一天，方明和与年段里的几名同学到当地一水库开展了自然考察活动，一个名为“学生自然考察队”的学生团体就这样成立了。

回来后，几位发起人整理此次考察活动的图文资料绘制了一张手抄报在班级分组传看，这一举措又吸引了一批同学的加入，他们开始收集剪报了解环保知识，并取名为绿眼睛（意为通过学生的视角去观察真实的环境状况）。

学生社团常常会以一二十个人为群体的形式出现，这便是机构的雏形，其发起的目的往往成为今后团队宗旨的主体。这更类似于兴趣小组，全凭个人的影响发起，且个人的价值观会决定着团队的走向，因此社会在该阶段不会太在乎该团队的存在和行动。

2001 年，方明和壮着胆子和苍南县林业局一工作人员提出在 4 月份开展“爱鸟周”宣传活动的建议，立即得到了相关领导的支持。活动进展得很顺利，林业局的局长也到了活动现场，《苍南报》（当地县报）也专题报道了此次活动。有了这一合作，绿眼睛在校内得到了老师的充分认可，做黑板报、开主题班会，校内相关活动开展得多姿多彩，同时还拓展了不少社区公益活动。

一次偶然的机会，方明和与北京国际珍古道尔研究会取得了联系并成为该项目的一个小组（对外称“绿眼睛 · Roots & Shoots”）。2001 年 9 月，方明和复印了几十份手抄的注册表和宣传单对高一新生做了宣传，一星期就招募了 70 多名志愿者，并通过朋友关系招了几个外校的志愿者。10 月，绿眼睛得到了一份意外的惊喜——“国际福特环保奖”，引起了省市级媒体的大量报道，并有了首笔奖金 5000 元。

然而，让人更意料不到的事情发生了，方明和所在的学校早就看中了这块大奖。一日，该校某领导以交谈为由将方明和叫到办公室，几回对话后就直接摊牌，要求绿眼睛将奖牌归为学校，以便开展招生宣传，同时放言若不妥协就扣留方明和等人的学业档案，并向外界宣称绿眼睛为"非法组织"。当时的绿眼睛已定性为由各校志愿者自愿发起的联合团队，如果按照该校的做法，不仅对其他学校的志愿者有失公正，也势必影响绿眼睛的长足发展。经过多名发起人的再三讨论，绿眼睛做出了一个惊人的决定：拒绝答应该校的无理要求，保障绿眼睛自主管理，同时用一部分奖金到校外租一间办公室，自此，绿眼睛开始真正的独立运作。

随着影响的扩大，学校成了团队前期运作最好的阵地，尤其可以得到校内政策的扶持教师和学生的认可，成了名副其实的学生社团。学校的大力支持很容易让团队产生依赖，尤其是行动和思想受到束缚，因为在现实社会中学校和社团的目标和理念总会有差距，社团的目标和理念总会趋向公益和理想，而学校则偏向于现实的利益。当公益和私益无法平衡时，很容易让处于弱势的社团造成被动的状态，甚至违背最初的宗旨和理念。因此，要寻求良性发展的社团（目标定位于校内的社团除外）需要在保障自主的情况下与学校开展平等、积极、互益的合作。

有了办公室，志愿者们就利用课余时间扛着展板到各学校展览。由于媒体的报道，当时的绿眼睛在小县城也有了一点名气，但同意绿眼睛进校宣传的学校还是不多，很多传统教育观念强的学校甚至要求绿眼睛出示正式法人的公章。

2002 年 3 月，绿眼睛便向苍南民政局提出成立"苍南县绿眼睛环保志愿者协会"的申请，但民政部门认为负责人方明和还是在校生，不宜发起社会组织，他们以"政治成熟度"不够为由拒绝了绿眼睛的申请，并明确要求需要教育局、环保局等作为主管部门，法人及会长均需各个局局长兼任。筹备程序相当烦琐，而且协会的成立就意味着志愿者自主权的丢失。为了在最大限度上保证绿眼睛的独立性，方明和放弃了高考，全身心投入“注册”的工作，由于相关部门的不理解，这项工作一直没有进展。方明和便以“绿眼睛学生环保联合会”(简称“绿眼睛 · Roots & Shoots”)的名义组织志愿者开展了大量卓有成效的环保公益活动，并参评“温州市志愿服务先进集体”。很快，获奖的消息就传了下来，方明和也被评为“浙江省志愿服务先进个人”，绿眼睛再次受到媒体和社会的高度关注。

2002 年 4 月，在“先进集体”的颁奖大会上，绿眼睛引起了省市级共青团组织的重视。会后，苍南团县委书记向方明和提出了“正式注册”的问题，并有意将绿眼睛“收编”至团系统下属的“青年志愿者协会”。通过多次的磋商，团县委决定让绿眼睛以环保团的名义挂靠在“苍南县青年志愿者协会”下，并保证绿眼睛项目运作的绝对自主权，但由于各种原因，一直未以正式文函的形式传达，绿眼睛继续以“绿眼睛 · 根与芽”的名义开展活动。

2002 年底，苍南县环保局召集部分企业家召开了一次座谈会，并为绿眼睛募集了资金 37000 元，并建议绿眼睛以一个具体项目的形式开展。经过多方探讨，绿眼睛决定启动“救助流浪动物”项目，此后，绿眼睛便以“关爱动物环保教育中心”的身份开展以救助动物为主的活动。这个中国首个由青少年学生发起的动物救助中心取得了很大的成效。在当地一谈到动物救助的事，民众们就会竖起拇指大加赞赏。绿眼睛也因此荣获国家级“地球奖”。

走向社会，面对更为复杂的关系网络，对于社团，尤其是没有正式注册的社团，社会公信度是非常重要的。社会大众是不会反对做好事的“非正式组织”的。因此，在不能顺利进行法律注册的时候要特别注重社会公信度的建立，如邀请知名人士参与活动，合理策划大型公益宣传活动，争取媒体舆论的关注和报道，注重团队文化的提升和志愿者形象的塑造等。在社会上建立良好的口碑，这便是社团的“民间注册”，社团能否通过“民间注册”，也是衡量社团是否体现价值实现目标的重要标志。

2003年3月，绿眼睛获得“浙江省志愿服务杰出集体”，方明和便以此为契机向团县委提出正式批复“绿眼睛环保团”的建议，很快，绿眼睛便拿到了首枚正式公章——“苍南县志愿者协会绿眼睛环保团”(法律上定义为二级社团)，同时还成立了中国首个在民间组织内部设立的团支部。从此，“绿眼睛环保团”的旗帜便飘扬在各种活动现场。

在取得“民间注册”的基础上，社团需要牢抓各种机遇(如获奖)，先求得政府职能部门对社团的理解和认可，寻求最大限度上的合作。同时结合团队自身特点，在不影响大目标的情况下做部分策略上的调整(如与团委合作建立团支部)，迎合相关政策的支持，以达成取得“合法身份”的目标。但是，在这一阶段也需要保持清醒的头脑，与职能部门不能过分亲密，这种合作是把双刃剑，既是机遇也有挑战，是依旧保持自主管理的草根特色还是成为生硬刻板的泛泛之流，就看这种合作是否建立在团队始终坚持宗旨明确、目标坚定的基础之上。

2003年4月，方明和专门查阅了不少关于“民间组织管理”的相关法律条文，寻求独立注册的方式。5月，方明和怀揣从家里借来的30000元注册资金，向民政局提出以团县委为主管部门注册“民办非企业”单位的申请，为了保证足够的“政治成熟度”，他放弃了第二次高考。通过多方努力，2003年7月1日，苍南县民政局正式出文同意绿眼睛的成立。绿眼睛终于有了一个正式的法人身份——“苍南县绿眼睛青少年环境文化中心”(属于民办非企业单位，也是中国三大民间组织类型之一)，19岁的方明和也成为当时中国环保界最年轻的法人代表。

能否达到“绝对独立”的愿景，就要看团队的“战斗力”是否达到相应的水平(如团队文化、经济基础、领队的感召力和志愿者的积极性等)。但这种独立指的是自身管理和法律意义上的独立，并不是“孤立”。因此，得到了法律的保障和认可就更应该在一个全新的起点上加强与社会各个阶层(社团与社团、社团与政府、社团与企业)的交流与合作,合理整合社会资源,积极拓展公共关系,努力强化能力建设,最终实现团队目标。

作为一个民间组织,尤其是学生社团,在现有的社会大背景下想独立完成“合法注册”是相当困难的,在不同的时期需要采取不同的策略来保障组织的正常运作。希望绿眼睛的一些经历能为大家提供一些参考。

后记

2004年,绿眼睛在浙江省温州市民政局正式注册,并在温州地区6个县(市、区)建立了项目中心办公室。

2006年2月24日,绿眼睛成立了“绿眼睛全国青年理事会”,并逐步完善内部治理工作。

2006年3月,绿眼睛又在福建省福鼎市民政局申请注册为社会团体“福建省福鼎市绿眼睛环保志愿者协会”,注册工作已进入冲刺阶段。目前,毕业后的志愿者带着绿眼睛的理念在武汉、南昌、上海、杭州、西安等地发展绿眼睛项目。

目前绿眼睛温州总部共有4名专职义工,他们拿着微薄的生活补助承担着指导温州和福鼎两个地区5个办公室的工作,此外,还有全国项目经费的支持。

(浙江在线·教育频道,edu.zj01.com.cn.2006-09-07)

4.映绿公益研究报告之四——温州绿眼睛个案

绿眼睛环境文化中心温州总部成立于2000年,是中国东南部地区成立最早也是最有影响力的环保慈善团体,绿眼睛环境教育项目直接实施地区已拓展至温州市鹿城区、瓯海区、瑞安市、平阳县、乐清市、永嘉县、福建省福鼎市等地，并先后设立了6个项目中心办公室，指导各地2000多青少年和社会志愿者开展环境文化运动。

宗旨、愿景

通过环境与发展教育，赋权青年，在青少年中播种公民社会之理念，为中国培养未来的草根行动者。

注册状态：工商注册

成立时间：2000年11月

机构性质：

- 志愿者团体
- 非营利性
- 对环保志愿者组织/团体提供支持(信息、培训、辅导、人员交流、网络等)

绿眼睛曾开展的项目

1.奔赴各地校园、社区举办环境教育流动展。

2.开展国际合作，将先进的国际环境教育模式"Roots & Shoots"项目引入本地，在短短的几年间在全国各地的100多所学校共建立了200多个绿眼睛项目团队，参与学员遍布小学至大学，另有上百名各界人士，共同组成了各种专业委员会和成年志愿队。

3.在温州成立了中国沿海地区首支"野生动物志愿救助队"，配合政府部门打击贩卖、滥杀野生动物的非法行为，抓捕犯罪分子，并救助过上百只受国家重点保护的野生动物，同时还协助政府建立了鸟类自然保护区，使上万只野鸟的生命得到了保障。

4.在每年的重大环境类节日里，启动主题月活动，发动学生和民众采取行动，从关注生态、关心社区、关爱动物三个方面入手来保卫家乡的自然与人文环境。

5.发起拯救黑熊行动，通过媒体把"活熊取胆"的残忍行为予以曝光，并成立了"绿眼睛拯救黑熊基金"，引发了全社会对黑熊及动物福利问题的关注。

6.在各地建立野生动物巡查网络。

7.拯救无家可归并陷入困境的流浪动物近200只，为它们提供国际标准的动物福利待遇，并为之寻找新的主人等。

8.启动中国北部红树林项目，开展红树林的监护、科研和宣传教育活动。

9.与温州广播电台共同主持长期环保节目《绿眼睛——青年榜样》(每周三晚20:00—20:45，温广经济台)，通过空中之声将环保信息传进千家万户。

……

如今的绿眼睛已成为协助政府监督环境问题的眼睛和帮助公众发现环境问题的眼睛。

机构历史

• 发起人：方明和，独生子女，小时候性格内向，爱养小动物，经常到旧报纸市场收集报纸，关注可可西里的藏羚羊，收集了10000份的关于动物保护的知识集景。

• 给环保前辈梁从诫写信，环保界的前辈们给了他很多鼓励。

• 2000年，当时还在温州苍南县求知中学上高一的方明只身一人前往广东调查野生动物贸易问题，当他目睹了一幕幕血淋淋地动物被残杀的场面后，萌发了做环保的强烈愿望。

• 一个人的力量太渺小，2000年11月25日，方明和在温州苍南县求知中学成立环保兴趣小组，当时有13个同学参加。

• 通过亲近自然，了解自然，对破坏自然的行为予以阻止，方明和提出“玩也要玩得有意义”。

• 学校的老师对此也没有经验，对他的想法既不支持也不反对。当时自己还很不理解，现在回想起来才觉得“不反对就是支持”。

• 第一次外出活动时，出了一期名为“绿之牙”的手抄报，向同学、校友和少数外校分发。之后做黑板报、开主题班会，在校内活动开展活动。

• 有一次开课间环保会，有四五个人读一本书《环保可以做的一百件小事》，这可能是最早一期的能力建设。

• 2001年10月，在苍南县育才中学读高一的方明和与几位校友、笔友共13人，在苍南玉龙湖畔成立了“学生自然考察队”，并开展了第一次活动——在苍南桥墩镇的玉龙湖捡垃圾。在第一个项目开展时，绿眼睛早期的名字叫“学生自然考察队”，但只叫了几个月，后来申请到“根与芽”项目，他们便被要求要有自己的组织名字，后来就有了“绿眼睛根与芽”。

• “根与芽”提供了一些手册、资料，对绿眼睛非常有帮助，福特奖的消息也是根与芽提供的，最主要的是精神的鼓励和支持。

• “根与芽”经常给方明和通电话，一次至少半个小时，每一次对于方明和来说都是一针强心剂。梁从诫、吴方笑薇、潘虹耕对方明和和他的伙伴们都给予了很大的支持。

• “福特奖”是方明和生命的转折点，在拿到“福特奖”的一瞬间，方明和心里想的就是“这辈子干环保干定了！”(2001年10月29日)

• 所有发生的事情都是第一次：第一次坐飞机，第一次进人民大会堂，见了许多在电视上、书本上才能见到的人，这些经历转变为他致力于环保事业的动力。

• 第一次对绿眼睛进行报道的是《苍南都市报》。

• “福特奖”奖金为5000元，当时绿眼睛用这笔钱租了间办公室(1100

元)，然后开了很多会议，决定做很多事情。

• 绿眼睛有了自己的办公室意味着绿眼睛自主的开始，《苍南都市报》报道的标题为"苍南学生喜获国际环保奖"。当时，外界特别是学校和同学对绿眼睛的态度有了很大改变。绿眼睛觉得有一丝曙光。

• 绿眼睛组织了很多活动，例如当时组织了300多名学生在"六・五"环保日上街游行，宣传环保。

• 2002年，日本NHK电视台、浙江卫视前来报道。

• 2002年初，方明和高三下学期。学校政教处老师把他叫到办公室，批评了1个多小时，认为他们没有外部支持是不可能的，学校希望绿眼睛归学校所有，班主任的态度也发生了变化。方明和此时则刚刚通过会考，这些都给了他很大的压力，经过思考，他决定放弃高考，离开学校，2002年他决定去读高考复读班。

• 学校不仅对方明和施加压力，而且对其他60～70个同学也施加压力，政教处负责人把他们集中到一间教室，待了1个多小时，要他们放弃参加环保活动，并要求家长担保。

• 方明和与他的同伴去学校评理，与校方发生了冲突，但是绿眼睛第一次的维权行动给了学校一个警醒。

• 学校把绿眼睛称为非法组织，绿眼睛第一次出现了危机。

• 方明和决定在政府正式登记，得到了县团委，特别是县团委书记杨德斤的支持，杨德斤当时任宣传部长，分管志愿者协会，后来王振璋也给予了许多帮助。方明和还得到了省优秀志愿者奖。

• 县环保局也主动来找绿眼睛，召集了10多家企业，捐款37000多元，最多的企业捐款5000元。绿眼睛当时还没有注册，当然没有收据，公章也是临时刻的。

第一个转折点——"福特奖"，奖金5000元；

第二个转折点——基地，在环保局帮助下，向企业募集了 37000 元；

第三个转折点——注册，2003 年底，搬至少年宫。

• 绿眼睛用这笔钱的一部分（15000 元）租了三亩地，准备成立“关爱动物环保动物中心”，重点工作是动物救助工作，救助了 90 多只猫头鹰，40 多只流浪狗。林业局委托绿眼睛进行动物寄养。为此，2003 年，绿眼睛再次获得“福特奖”。

• 2002 年底，绿眼睛开始有了第一个全职员工：黄小桃。她也放弃了读大学的机会，做了三年的全职义工，现在在医药公司当会计，也是绿眼睛的兼职会计。

• 郑元英家里很困难，从一开始就是绿眼睛的志愿者。基地开始后，郑元英每天骑车去上学，中午回基地照顾动物，那时，绿眼睛没有资金，全靠方明和的妈妈每个月提供 500～600 元，后来提高到 800～1000 元以维持基地的运作。大家过年都在一起过。

• 此后，方明和经常去北京，结识了珍妮 · 古道尔，对其他环保组织也有了更多的了解。团委王振璋帮助在县青少年宫找了一间办公室。2003 年底，基地完成了自己的使命，40 多只流浪狗通过举行大型的寄养活动得到了妥善安置，猫头鹰也放飞了。

• 2003 年底之前，有 100 多位志愿者参与，多数为兴趣所致，但尚未建立管理机制。

• 2003 年底，开始讨论志愿者管理，并开始筹“建灵溪团”，意在把这种模式推广出去。

• 2004 年开始招募学生志愿者，制作挂图，到学校开办讲座。这一时期是绿眼睛的剧烈膨胀期。到 2004 年底，工作人员达到 7 人，志愿者近 3000 人，地域也从一个县（苍南县）扩展到八个县（温州七个县和福建福鼎市）。

• 绿眼睛成员扛着展办到个小区展览、宣讲，每个月的经费多则 2000

多元，少则几百元，基本上能维持办公室的运营。

•绿眼睛基本上不直接与校方打交道，只要在学校找到一个志愿者，在一两个里就能够发展到上百人。只以“环保教育”为由，一般都会得到学校的同意，并不提出招募志愿者，通过发放小册子、表格，学生自愿报名。

•绿眼睛对中学生的吸引力在于：

1.自主性；2.自我管理；3.信任；4.尊重；5.平等；6.友爱。

•2004年，绿眼睛进入快速膨胀期。招募志愿者会员，会费每人30元，一年至少15000元，就可以维持绿眼睛的开销。

•2004年，方明和参加了一次安利的演讲课，很受触动。他买了许多直销的书，应用直销的概念制定了一套相应的制度，便开始了“拉人头”的活动，物质和精神双管齐下，但不能给学生直接的报酬。

积分制

每个会员入会交的30元，其中20元用于办公室，10元用于志愿者，含2.5个积分，直接招募志愿者的志愿者都可以得到2.5个积分。这样志愿者之间就有了象征性的利益关系。

1.团队领导有行政权

2.部落领导没有行政权

3.行政团队

25人以下为小队（不能单独开展活动，只能招募）

25～50人为中队（只能开展校内活动）

50～100人为大队（只能开展校内活动）

100～150人为分团（可以开展校外活动，需要批准）

100人以上为旗舰团（开展校外活动，分团长批准即可）

依靠这种机制，仅会费收入就有三四万元。当时工作人员多，活动费用多，但又没有其他的资金来源。用会费来支付办公设备、收养动物、社区广场节庆活动、环保宣讲活动、回收废纸、家庭节水节电、清洁能源、回收废电池等规模效应的活动费用。

团队规模相当于香港童子军的模式，但比他们的模式更灵活，因为绿眼睛没有外来资源。他们充分动员志愿者，一个志愿者发展十个志愿者，绿眼睛的规模迅速扩大。

绿眼睛开始营造机构文化，通过系列培训和分享，把团队和积分晋级制度进行培训，鼓励团队领队去招募更多的志愿者。

选领队时，领队候选人要上台演讲，大家投票选举。

积分制只在“灵溪团”进行试验，2004 年、2005 年实行。

2005 年下半年开始，对外活动、交流进一步增多。

时间花在内部越来越少，但工作人员素质还不够，方明和和极少数人员疲于奔命，而其他五六个人由于缺乏活动策划能力而无事可干，于是开始减员，从 8 个减到 2 个。外部对绿眼睛的期待很高，但工作人员却无法承担相应工作。

2005 年，绿眼睛与政府的合作也开始逐渐增多，苍南县政府给了 2 万元，搞活动花掉 1 万元，剩下留给绿眼睛作为办公经费。与政府的合作扩大了绿眼睛的影响力，与此同时，会费收入开始呈下降趋势。

绿眼睛成员（会员）对绿眼睛会员活动减少感到不满。绿眼睛开始反思。此时会费下降到每年 2 万元左右。

2005 年底，绿眼睛迎来了第一笔外来资助，是 Global Green Fund（全球绿色资助基金会）提供办公经费，一共给了四笔资金，加起来有八九万元。

2005 年，绿眼睛希望成为灵溪每一个中学生最想加入的社团。因此，绿眼睛开始压缩其他地方的规模，重点研究灵溪团。当时绿眼睛的志愿者都是高中生。他们通常高一培养，高二转正（锻炼），高三作辅导（成长顾问）。

高三的志愿者每月至少分享一次各自的经验。

第一任“灵溪团”团长:董潇潇,现在湖北民族学院。绿眼睛指定。

第二任“灵溪团”团长:张晓辉。骨干推选。

第三任“灵溪团”团长:卢孔朝。每个学校代表民主选举产生。选举的结果并非像方明和当初所期望的,当时对民主产生的结果不是很满意,但是后来证明,卢孔朝比预想的要好。

三任团长风格不同,背景也不同:董潇潇,元老辈,做事大胆、果断,对灵溪团员有感情;张晓辉,原来比较胆小,但自从担任团长后,成熟很多,但有董潇潇在场时,他的能力和气场会下降。第二任团长从第一任团长身上学到很多东西,有许多好的,当然也有一些不好的方面。张晓辉担任灵溪团长的两年时间,是学生得到培养最多的时期。勤奋高中是唯一一个旗舰团,钟炳超是团长,相当于另一个董潇潇。

2005 年下半年—2006 年上半年,会员规模进入低谷期,但这一时期是在其他方面做得更好的一年,注册期内会员为 1000 多人(会期 1 年)。如:工作人员的能力有所提升,项目、活动规划能力由两年前 2 万元的项目到现在是 20 万元～30 万元的项目;与政府的关系进入一个新的阶段。以前只是普通的志愿者团体,随着绿眼睛社会影响力的增强,绿眼睛的话语权得到提升,温州市环保局认为绿眼睛是温州市运作最好的民间组织。

绿眼睛的组织规模经历了几个发展阶段:

1.2000—2002 年,朋友式的凝聚。

2.2003—2005 年上半年,大规模扩张,“灵溪团模式”。

3.2005 下半年,调整期,重点加强机构建设,会员断代。

- 2006 年 2 月成立理事会。
- 制度建设。
- 推动温州大学生绿色论坛,向环保型支持性组织转化。

方明和在2004—2005年花大量时间到大学、中学进行演讲，忽略了机构的内部建设，对任何一个要求都不拒绝，一年大约做了40多场正式的演讲，也募捐了一些费用，一年大约七八千元。2005开始，绿眼睛的其他成员也开始外出演讲。

2005年举办五年年庆，实行"志愿者激励"。

2005年11月25日，绿眼睛素食活动在上海、杭州、临安、西安、武汉、温州举办，参加人数有5000多人。活动发动学生一天不吃荤菜。

有一些村民开始向绿眼睛捐赠，共有5个人，已捐了六七千元。

今年准备设立绿眼睛奖。

- "绿眼睛年度人物"（提名奖10人，年度人物奖8～10人）。
- "绿眼睛领袖奖"（领袖奖2人，提名奖3人）。初级（1年以上）；中级（5年以上）；高级（10年以上）。
- 评奖机制：绿眼睛办公室提名、讨论。

2006年，成立全国青年理事会。1月20日左右召开第一次会议（农历年前），2月召开第二次会议（农历年后），推动成立全国项目，全国理事来自全国各地的重点高校的大学生，改变人们特别是老师和家长对绿眼睛的印象：那里的人都不上大学的。

绿眼睛与政府的关系

自己能解决的问题尽量自己解决，绝不给政府添麻烦；能为政府做点事，承担一些责任和工作的，尽量做。有时不得不牺牲为会员提供更多服务的机会来建立良好的关系。

绿眼睛从未向政府提出乞求帮助的请求，通常都是政府找绿眼睛做事，然后提供一些经费。即使没有经费，只要与环境有关，绿眼睛也照做。

做组织跟做人是一样的。绿眼睛的第一道坎，是获得人们的信任。只有自强自立，才能获得别人的尊重。与环保局的关系也是如此。

绿眼睛与媒体的关系

尽管许多人担心媒体会有负面报道，但至今为止，媒体一直是绿眼睛的福星。没有媒体的报道，就没有现在绿眼睛的影响力，就不会招募到大量的志愿者。中央电视台、新华社、浙江卫视、日本NHK电视台、美国国家地理频道、温州各种媒体、南方周末、中国环境报、浙江日报等几十家媒体对绿眼睛都作过采访和报道，引起了社会的极大关注。在全省首开先例，与温州广播电台共同主持长期环保节目“绿眼睛——青年的榜样”（每周三晚20:00—20:45，温广经济台），通过空中之声将环保信息传到千家万户。

绿眼睛与同行的关系

• 与环保并合作很少，参加一些活动、会议。

• 参加其他NPO的培训。

1.最早，从CANGO的培训班开始了解CSOs和NGOs，自己也看了很多书。

2.绿根的培训

3.映绿的培训

这些培训比较专业，对绿眼睛的能力提升比较有帮助。

CANGO主要帮助方明和了解NGO的基础知识。参加过三四期培训，比较程序化培训；

绿根的培训草根性比较强，与政治比较强，但特别辛苦，老象打游击战。

映绿的培训（志愿者、财务），了解本行业，相比较其他培训更实用、更专业，对实际工作有很大的帮助，连脑子中留下印迹。又在日常工作中释放出来。

绿眼睛志愿者管理模式的转变

一、自发期:2000—2002 年

创始人和骨干以“朋友”的方式凝聚。

二、扩张期:2003—2005 年上半年

2003 年创立“灵溪团”,尝试进行体制改革,进行“团体自主管理”,其间成立 11 个团。

激励制度:积分奖励(引进商业模式)

组织结构:团队晋级(引进香港童军模式)

三、调整期:2005 年上半年至今

2004 年、2005 年到处发表演讲,正式场合就有 60 多场,忽视内部建设;

2005 年下半年到 2006 年(一个学年),绿眼睛会员出现断档;

2006 年 2 月成立理事会,加强机构建设;

推动温州大学生论坛的成立,开始了支持性的工作。

激励制度:小额资助(引进发展机构模式)

组织结构:递进民主制(引进公民社会发展的理念)